DR.-ING. FRIEDRICH POPP

Grundriß der Chemie

1. Teil

Vereinfachte allgemeine Chemie

mit 31 Textabbildungen und
4 ganzseitigen Bildtafeln

3. Auflage

VERLAG VON R. OLDENBOURG

MÜNCHEN 1949

Vorwort zur 3. Auflage

Die Chemie des 20. Jahrhunderts ist weit über den Bereich einer Wissenschaft hinausgewachsen. Soweit sie den Stoffbedarf für Klein- und Großgewerbe und für den Lebensunterhalt oder die Lebensverschönerung des einzelnen erzeugt, sind ihre Ergebnisse beim Volke beliebt geworden. Sie selbst ist aber bei vielen von einem Schleier des Geheimnisvollen umgeben. Zum Teil liegt dies daran, daß unsere Sinnesorgane die stofflichen Zusammenhänge ungenau wiedergeben, sodaß unsere Vorstellungen von den Stoffen zu makroskopischen Sinnestäuschungen ausarten. Unter bewußter Zurückdrängung der wirtschaftlichen und technischen Verflechtungen wird deshalb der Versuch gemacht, die Eigengesetzlichkeit der Chemie in einfacher Weise darzustellen, um zum Feinbau der Stoffe und Wesen der stofflichen Veränderungen in das Gebiet des nicht mehr Sichtbaren vorzudringen.

Durch die Gruppierung in 3 Teile ist einem abgestuften Bedürfnis Rechnung getragen. Im Teil I war ich bestrebt, nichts als unausgesprochene Selbstverständlichkeit vorauszusetzen und auch da Antwort zu geben, wo sich andere elementare Bücher auf Andeutungen beschränken, sodaß man sich auch ohne zusätzliche Belehrung zurechtfinden kann. Oft denkt man nicht daran, daß man nicht nur einen Lehrer, sondern auch ein Buch fragen kann. Wo die Antwort zu finden ist, gibt das alphabetische Sachverzeichnis an. Die mit einfachen Mitteln ausführbaren Versuche, welche auch den Leitfaden für das Verständnis bilden, sind mit Übg. (Übung) gekennzeichnet.

Die in die Erörterungen einbezogenen Stoffe sind so ausgewählt, daß für die Vorgänge des Alltagslebens ein chemisches Verständnis erreicht werden kann. Für den darüber hinausgehend Belehrung Suchenden sind Hinweise auf Teil II und III eingefügt.

Auch diese beiden anderen Teile (Anorganische und Organische Chemie) stützen sich auf einfache Reagierglasversuche. Sie sollen jedoch das Verständnis unter Einbeziehung der Fortschritte der chemischen Wissenschaft in den letzten Jahren vertiefen, ohne in den Bereich des Hochschulwissens aufzusteigen.

Fr. P o p p.

Inhaltsverzeichnis

Seite

I. Physikalische Betrachtung des Aufbaus der Stoffe aus Molekeln 7
  1. Einleitung , ... 7
  2. Wesentliche Eigenschaften 8
  3. Die Werkstoffgruppe der Metalle 10
  4. Reinstoffe; Gemenge 13
  5. Übersicht über häufig angewandte Trennungsmethoden 15
  6. Die Zustandsformen, Lösung, Diffusion, kolloide und kristallisierte Stoffe als Folge des Aufbaus aus Molekeln 17

II. Chemische Betrachtung des Aufbaus der Stoffe aus Molekeln 26
  7. Grundformen der stofflichen Veränderungen 26
  8. Verbindungsgesetze; Atom und Molekel 30
  9. Das Wesen der chemischen Formeln 36

III. Die Atmosphäre als Ursache chemischer Vorgänge 39
  10. Verbrennungsversuche; die Luft ein Gemenge; Zusammensetzung der Luft 39
  11. Sauerstoffdarstellung aus Kaliumchlorat; Katalyse 44
  12. Verbrennungen in reinem Sauerstoff, Entzündungstemperatur 47
  13. Wärmetönung 52

IV. Das Wasser als Ziel und Grundlage chemischer Vorgänge 54
  14. Chemische Untersuchung des Wassers 54
  15. Wasserstoffdarstellung mit Hilfe von Säuren 58
  16. Chemische Eigenschaften des Wasserstoffes; Reduktion und Hydrierung; Thermit 60
  17. Natronlauge, Ätznatron 66
  18. Kochsalz 69

V. Großgewerblich wichtige Verbindungen der Elemente Schwefel, Stickstoff und Phosphor . . . 72
  19. Schwefel 72
  20. Schwefeldioxyd 74
  21. Schwefeltrioxyd und Schwefelsäure 75
  22. Schwefelwasserstoff 79
  23. Aufstellung von Gleichungen 80
  24. Stickstoff; Salpetersäure 82
  25. Ammoniak 87
  26. Die Oxydation des Ammoniaks 88
  27. Phosphor 89

VI. Kohlenstoff und seine wichtigsten Verbindungen 94
  28. Kohle und Kohlenstoff 94
  29. Gaserzeugung durch Entgasung 97
  30. Produkte aus dem Steinkohlenteer 100
  31. Einige Wasserstoffverbindungen des Kohlenstoffs 100
  32. Aktive Kohle 103
  33. Kohlendioxyd, Kohlensäure und Karbonate 104

6

		Seite
34.	Kohlenstoffmonoxyd; Generatorgas	108
35.	Kohlehydrate, Eiweißstoffe und Fette	109
36.	Gärung	113
37.	Faserstoffe und Treibstoffe	116
VII.	Einführung in die Chemie der anorganischen Werkstoffe	118
38.	Glas; Ton; Zement	118
39.	Eisenverhüttung	121
VIII.	Schlußbetrachtung	128
40.	Vorkommen der Elemente; Verwitterung; Ernährung aus eigenen Bodenerzeugnissen	128
	Wiederholungsaufgaben	131
	Namen- und Sachverzeichnis	132
	Atomgewichtstabelle	135
	Zeit-Tafel	136

Erklärung der ganzseitigen Bildtafeln

Tafel

I   1. Gefügebilder: a) Stahl, b) Gußeisen; zu S. 12 und 126. 2. Quarzgruppe auf Granit; zu S. 118. 3. Bleiglanz, Abstumpfung der
Würfelecke durch eine Oktaederfläche; zu S. 10 und 77 48

II Aufbau der Lufthülle; zu S. 44 49

III Eisenabguß in der Julienhütte; zu S. 126 64

IV Oberste Arbeitsbühne für die Herstellung von Glasscheiben durch
„Ziehen" zwischen Walzen; zu S. 120 65

Herkunft der Abbildungen

Walter Cristofani, Unterpfaffenhofen . . . . Bild Nr. 1, 5, 13, 26
Beratungsstelle für Stahlverwendung, Düsseldorf-Stahlhof . . . Bild 30
Schuhmacher, Gasenergie . . . . Bild 22
Henglein, Grundriß der chemischen Technik . . . . Bild 28
Schulfunk . . . . , , , Bild 23, 27, 29
Aus einer Seminararbeit des Stud.-Assessors Josef Pleyer . . . . Bild 31
Dralle-Keppler, Glasfabrikation . . . . Tafel III
Archiv Oldenbourg . . . . Tafel I, II, IV

Abkürzung: II, 87 bedeutet Teil II, 1. Auflage S. 87.
III, 107 bedeutet Teil III, 2. Auflage S. 107.

I. Physikalische Betrachtung des Aufbaus der Stoffe aus Molekeln

1. Einleitung.

In unserer Umgebung stoßen wir überall auf Stoffe, welche wir mit Hilfe unserer Sinneseindrücke vom Kindesalter an unterscheiden lernen, z. B. in der Küche Kochlöffel aus Holz, Eßlöffel aus Metall, Salatlöffel aus Horn, oder Tiegel, Töpfe und Pfannen aus Eisen, Messing, Aluminium und Porzellan usw. Von den Einrichtungsgegenständen und den unbelebten Stoffen unterscheiden wir die in den lebenden Organismen vorkommenden Stoffe. Erlischt das Leben und mit ihm der Stoffwechsel, so werden auch die von Pflanze und Tier während ihres Lebens aufgebauten Stoffe zu Rohstoffen für den Verbrauch und die Verarbeitung. Für einen Stoff als solchen ist die Form nebensächlich. Die zweckbestimmte Form ist vom Stoffe nur so weit abhängig, als die stofflichen Eigenschaften die besondere Art der Formgebung und Verwendung zulassen. Durch die Rückwirkung des Stoffes auf die Form ist die Ausprägung eines besonderen Stiles verursacht, z. B. bei Stahlskelettbauten.

Schon der Urmensch hat sich seine Werkstoffe nach ihrer Tauglichkeit herausgesucht. Im Laufe der Kulturentwicklung entstand daraus über die praktischen Bedürfnisse hinaus und auf diese verfeinernd zurückwirkend die Naturwissenschaft. Diese wird herkömmlicherweise in exakte, d. h. nach zahlenmäßig ausdrückbaren Gesetzen suchende Zweige eingeteilt: Physik und Physiologie, und in hauptsächlich beschreibende: Tier- und Pflanzenkunde, Mineralien- und Gesteinskunde. Die Chemie[1]) nimmt eine Mittelstellung ein, sie ist eine beschreibende

Bild 1. Feuerstein.
oben unbearbeiteter Feuerstein,
unten vorgeschichtliches Gerät.

---

[1]) Der Name Chemie, dessen Ursprung nicht mit Sicherheit bekannt ist, hängt wohl zusammen mit dem ägyptischen Worte c h e m i und bedeutet soviel wie s c h w a r z, womit das Land Ägypten als Land der schwarzen Erde gemeint sein kann; aber auch das Dunkle, Verborgene kann es bedeuten. Im „Lande der schwarzen Erde" haben ägyptische Priester wohl zuerst sich mit jener geheimnisvollen „schwarzen Kunst" befaßt. — Das Wort Alchemie (al ist der arabische Artikel) ist ein von arabischen Gelehrten geschaffenes Wort. Das Ziel der mittelalterlichen Alchemisten war der „Stein der Weisen" auch das große Elixier genannt, wodurch unedle Metalle in Gold verwandelt, alle Krankheiten geheilt und das Leben verlängert werden sollten.

und eine exakte Wissenschaft, aber auch eine schöpferische Wissenschaft, die nach Neuem sucht und sich auch rühmen darf, Neues gefunden zu haben, sowohl für die praktischen Lebensbedürfnisse als auch für die allgemeine Natur-Erkenntnis.

Die Aufgabe der Chemie ist die Untersuchung der Stoffe und derjenigen Vorgänge, bei welchen die wesentlichen Eigenschaften der Stoffe eine dauernde Änderung erleiden; oder, anders ausgedrückt, bei welchen neue, d. h. bisher fehlende Eigenschaften das Vorhandensein eines „anderen" Stoffes anzeigen.

Stoff, Substanz (lat.), Materie (lat.) ist alles, was ein Gewicht besitzt und einen Raum einnimmt. Einen abgegrenzten und besonders geformten Teil eines Stoffes bezeichnet man als Körper.

2. Wesentliche Eigenschaften

Zur Erkennung und Beurteilung eines Stoffes prüfen wir seine Eigenschaften und unterscheiden dabei zufällige[1]) und wesentliche oder spezifische Eigenschaften. Unter den Begriff Stoff fallen nicht nur feste Körper, auf welche wir uns in der Einleitung beschränkt haben, sondern auch Flüssigkeiten (Wasser, Öle, Benzin) und Gase. Die Gewalt des Sturmes belehrt uns, daß auch die Luft ein Gewicht hat, und aus Erfahrungen beim Bergsteigen wissen wir, daß wir auf ein ganz bestimmtes Gewicht der über der festen Erdkruste lastenden und uns umgebenden Luft angepaßt sind, nämlich auf den Atmosphärendruck: 1 kg pro qcm. Die 3 A g g r e g a t z u s t ä n d e[2]) (Zustandsformen) fest, flüssig und gasförmig sind bei einer bestimmten Beobachtungstemperatur für das Wesen eines Stoffes eindeutig kennzeichnende Eigenschaften, ferner deren Übergänge (S c h m e l z p u n k t und S i e d e p u n k t), sowie Schmelzwärme und Verdampfungswärme, ebenso, wie schon die Eigenschaftsworte andeuten, die s p e z i f i s c h e W ä r m e und das s p e z i f i s c h e G e w i c h t (W i c h t e). Dazu kommen noch H ä r t e , G l a n z , F a r b e , K r i s t a l l f o r m und L ö s l i c h k e i t. Man kann hier deutlich die Verflechtung zwischen Physik und Chemie erkennen. Ohne Stoffe ist in der Tat eine Physik undenkbar; sie würde nur aus leeren Gesetzeskonstruktionen bestehen. Anderseits spielen in die Chemie immer wieder die physikalischen Gesetze herein, denen die Stoffe unterworfen sind. Beide Wissenschaften beschäftigen sich mit dem Ablauf der Naturvorgänge. Bei physikalischen Vorgängen stellt sich nach dem Aufhören einer Einwirkung der ursprüngliche Zustand wieder ein. Im Gegensatz dazu sind chemische Vorgänge mit einer bleibenden stofflichen Änderung verbunden. Beispiele: Spannen und Entspannen einer Stahlfeder ist ohne Einwirkung auf den stofflichen

---

[1]) Z. B. Größe, Form, Temperatur.
[2]) Lat. aggregare = anschließen, zugesellen.

Bestand. Das Rosten zerstört den Stoff Stahl. Ein geglühter Platindraht erweist sich nach dem Erkalten als unverändert. Die Lichtaussendung in der Hitze ist also ein physikalischer Vorgang, der beliebig o f t w i e d e r h o l t werden kann. Das Erhitzen eines Magnesiumsdrahtes zum Glühen leitet eine stoffliche Veränderung, das „Verbrennen" des Magnesiums, durch einen e i n m a l i g e n Vorgang ein. Das noch an der Zange eingeklemmte Stück des Verbrennungsproduktes kann man, so oft es sein brüchiger Zusammenhalt erlaubt, durch Hineinhalten in die Flamme zur „physikalischen" Lichtaussendung bringen.

Um zwei Stoffe ihrer **Härte** nach miteinander zu vergleichen, probiert man aus, welcher von beiden den anderen r i t z t. Der geritzte ist der weichere.

Unter Härte versteht man demnach **die Widerstandsfähigkeit gegen das Eindringen eines fremden Körpers.**

So weiß jeder, daß der Fingernagel vom Messer geritzt wird oder daß man Glas mit dem Diamanten ritzen kann. Bei der Bestimmung uns unbekannter Mineralien (S. 30, Fn. 4) spielt die Ermittlung der Härte eine wichtige Rolle.

Man hat deshalb eine Reihe von zehn Vergleichsmineralien aufgestellt, die sog. **Härteskala.** Sie lautet: Härte 1 Talk (Schneiderkreide), 2 Gips, 3 Kalkspat, 4 Flußspat, 5 Apatit oder eine Messerklinge, 6 Kaliumfeldspat, 7 Quarz, 8 Topas, 9 Korund, 10 Diamant. Der F i n g e r n a g e l d e s M e n s c h e n besitzt etwa die Härte 2,5. Härte 3 und 4 werden von einem Eisennagel geritzt, 6 bis 10 „funken" mit Stahl. Diamant ritzt alle Mineralien der Skala und wird von keinem Stoff geritzt.

Man unterscheidet hart und spröde; Gegensatz: weich und dehnbar bzw. hämmerbar.

Viele Gebrauchsgegenstände sind künstlich gefärbt. Bei manchen Stoffen ist dagegen die **Farbe** eine wesentliche Eigenschaft, z. B. bei Gold und Kupfer. Die Farbe eines Stoffes ist abhängig vom Licht. Bei künstlicher Beleuchtung ändert sich der Farbeindruck.

Es gibt undurchsichtige (Holz), durchscheinende (dünnes Porzellan) und durchsichtige Stoffe (Glas). Manche Stoffe sind farbig durchsichtig, wie z. B. der Edelstein Rubin; er läßt das Licht rot durchfallen.

Außer der Farbe haben viele Stoffe einen bestimmten **Glanz.** Gewöhnlich unterscheidet man zwei Arten von Glanz: m e t a l l i s c h e n und n i c h t m e t a l l i s c h e n G l a n z. Metallischen Glanz haben die Metalle und viele Erze. Am nichtmetallischen kann man wieder verschiedene Arten unterscheiden: Fettglanz, Perlmutterglanz, Seidenglanz, Glasglanz.

Beim Betrachten einer Mineraliensammlung fallen uns die wohl ausgebildeten Formen besonders auf. Sie sind dadurch entstanden, daß die Bildung von festen Stoffen aus dem flüssigen oder gasförmigen Zustand nicht regellos zu kleinen oder großen Klumpen erfolgt, sondern nach den verschiedenen Richtungen des Raumes verschieden stark. Die Stoffteilchen halten eine für jede Art von Stoffen kennzeichnende Reihenfolge ein, so daß regelmäßig begrenzte Formen entstehen. Das „Wachstum", ein uns selbstverständliches Kennzeichen der lebenden Natur, ist also auch dem toten Stoff im festen Zustand zugeordnet und bringt die Eigenform, Kristall genannt, zustande.

Unter Kristall versteht man einen von natürlichen, ebenen Flächen begrenzten Körper, dessen Gestalt in einer gesetzmäßigen Beziehung zu seiner stofflichen Zusammensetzung steht.

Beispiel: Bleiglanz s. Tafel.

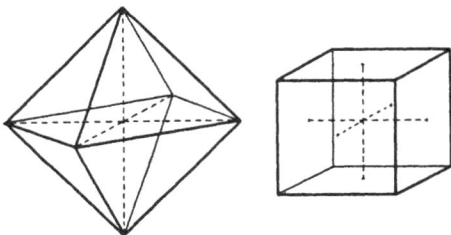

Bild 2.

Die Ausbildung der geometrischen Idealfigur [1]) (Bild 2) ist nur selten verwirklicht, da die Stoffzufuhr von Zufälligkeiten abhängt. Häufig sind auch mehrere Idealfiguren in einem Kristall vereinigt; Abstumpfung von Kanten und Ecken (beim Bleiglanz auf der Bildtafel). Für die kristallographische Beurteilung sind die auftretenden Winkel, z. B. Oktaederwinkel und das g e s a m t e p h y s i k a l i s c h e V e r h a l t e n der Flächen maßgebend. Genaueres II, 32.

Von der Biologie ist uns die Wichtigkeit des W a s s e r s für die Lebensvorgänge bekannt. Besteht doch der menschliche Körper zu 60% aus Wasser. Auf der Grundlage des Wassers und häufig auch unter Wasserbildung vollziehen sich die zahllosen biochemischen[2]) Vorgänge. Deshalb kommt dem Verhalten zum Wasser und zu Flüssigkeiten überhaupt, den **Löslichkeitsverhältnissen,** für die Kennzeichnung der Stoffe eine überragende Bedeutung zu.

3. Die Werkstoffgruppe der Metalle

Der volkstümliche Begriff umfaßt schwere, zähfeste, sich kalt anfühlende, undurchsichtige und an den Kanten nicht durchscheinende Körper von spiegelndem Glanz. Eine Ausnahme bildet das seit langer Zeit bekannte Quecksilber, bei gew. Temperatur eine schwere Flüssigkeit, welche die übrigen metallischen Eigenschaften besitzt und bei —39°

---

[1]) Oktaeder (Magnetit); Würfel = Hexaeder (Bleiglanz, Flußspat, Kochsalz).
[2]) Gr. bios = Leben.

erstarrt. Aus dem täglichen Leben ist ferner bekannt, daß die Metalle untereinander „Legierungen" bilden (z. B. Bronze, Messing, Neusilber usw.), daß sie mehr oder weniger gut die Elektrizität leiten, daß die Eigenschaft „sich kalt anfühlend" durch gute Wärmeleitfähigkeit verursacht wird und daß schroffe Temperaturschwankungen gut ertragen werden.

Die älteste Einteilung in die **Edelmetalle** (Gold, Silber) und in **unedle Metalle** (Eisen, Zink) zieht die Beständigkeit gegenüber der Luft in Betracht, sowohl bei lang dauernder Einwirkung in der Kälte als auch bei der Schmelztemperatur (Blankbleiben, Anlaufen, Entstehung von dünnen Schichten mit nichtmetallischem Aussehen). Schon seit Beginn der Metallverwendung und Metallverarbeitung wurden dahingehende Erfahrungen gesammelt. Die moderne Bezeichnung **Sparmetalle** sondert diejenigen ab, die nicht in ausreichendem Maße aus einheimischen Rohstoffen hergestellt werden können: Blei, Chrom, Kupfer, Kobalt, Nickel, Mangan, Molybdän, Vanadium, Wolfram und Zinn.

Die mechanischen Eigenschaften: Biegsamkeit, Dehnbarkeit, Zugfestigkeit, Härte, Formbeständigkeit (Elastizität) sind in hohem Maße von der Vorbehandlung und dem Grad der Legierung abhängig. Die technische Anwenbarkeit beruht vor allem darauf, daß die gewünschte Form in Massenproduktion durch Guß erzielt werden kann, verbunden mit Nachbearbeitung des erkalteten Gußstücks in geeigneter Weise (alter Bronzeguß, Eisenguß, Stahlguß). Das uralte Schmieden und das moderne Walzen sind ebenfalls eine Wärmebearbeitung, aber in dem Zustand des Erweichens vor dem eigentlichen Schmelzen. Die Einwirkung durch Schmieden erstreckt sich selbst bei Anwendung sehr schwerer Hämmer (Wasserkrafthämmer, Dampfhämmer) nur auf einen verhältnismäßig dünnen, oberflächlichen Bereich der Aufschlagstelle, so daß große Werkstücke nicht genügend durchgearbeitet werden können. Das moderne, erschütterungsfreie, hydraulische Pressen erreicht gewissermaßen durch Kneten mit großer Tiefenwirkung eine rasche Formgebung. Besonders wichtig für die Massenproduktion von Schienen und Blechen ist das Walzen, auch ein Kneten in der Hitze, aber bei geringerem Druck. Das Walzen von Feinblechen bei gewöhnlicher Temperatur leitet zu der schon lange ausgeübten Formung in der Kälte über: Kalthämmern, Kaltrecken, Drahtziehen und Röhrenfabrikation. Beim Ziehen steht das Werkzeug (das Zieheisen) fest, beim Walzen bewegt sich sowohl das Werkstück als auch das Werkzeug (nämlich die Walzen).

Im Innern des Werkstücks findet bei diesen Bearbeitungen ein ähnlicher Vorgang statt wie beim Zusammenschweißen zweier Stücke durch Schmieden. Die kleinsten Teilchen werden dabei durch Gewalteinwirkung einander so nahe gebracht, daß die Verfestigung zu **einem** gesamten Stück erfolgt. Eine moderne Form des Schweißens beruht darauf, daß die Metalle an der Berührungsstelle nicht bloß erweicht, sondern schmelzflüssig gemacht werden. Die Autogenschweißung von Platten, Straßenbahnschienen und Röhren ersetzt Niet- und Schraubenverbindung (vgl. auch S. 47, 64 und 65!). Die Zusammenfügung von 2 Metallstücken durch ein vorübergehend verflüssigtes, andersartiges Metall bezeichnet man als „Löten".

Während bei den bisher genannten Umformungen die Dehnbarkeit und die dem Zwange ohne Zerreißung sich fügende Herstellbarkeit ausgenützt wird, beruht die spanabhebende Verarbeitung auf der Teilbarkeit. Auch die Metalle sind im starren Zustand nicht unendlich fest. Beim Hobeln, Schneiden, Sägen, Fräsen, Bohren, Stanzen und Lochen wirkt das bewegte Werkzeug auf das ruhende Werkstück ein. Umgekehrt bewegt sich auf der Drehbank das Werkstück am ruhenden Werkzeug.

Schließlich kann noch eine gewünschte Veränderung der Festigkeitseigenschaften des fertigen Werkstücks durch Wärmenachbehandlung erreicht werden (Vergüten oder Aushärten, Tempern), wobei außer der rein physikalischen Einwirkung noch eine stoffliche Änderung o h n e w e i t e r e F o r m - ä n d e r u n g mitwirken kann. Dadurch wird im Werkstück von außen her das innere Gefüge geändert mit dem Ziele, daß es der gewünschten Beanspruchung standhält, was noch schließlich durch die Werkstoffprüfung kontrolliert wird. Ausschuß und das Altmaterial ausgebrauchter Apparate aus Metall lassen sich verhältnismäßig leicht wieder zur Herstellung neuer Gegenstände verwerten.

Wir dürfen nun alle diese formgebenden Änderungen, die seit langer Zeit unzählige Male ausgeführt wurden, darum nicht als selbstverständlich hinnehmen, sondern müssen uns fragen: Warum ist das so und nicht anders? Die Bildsamkeit bei bestimmter Gewalteinwirkung und das Bestreben, die einmal gegebene Form weniger starken Kräften gegenüber zu erhalten, und andererseits die endliche Festigkeit, die bei noch stärkerer Beanspruchung eine Zerreißung an bestimmten und gewollten Stellen eintreten läßt, sind eine **Folge der Anordnung und der Eigenschaften der kleinsten Teilchen,** und zwar bei den Metallen in einem unseren Absichten besonders günstigen Ausmaße.

Bei angefeiltem und geglättetem Metall können wir an der das Licht beinahe vollständig zurückwerfenden, spiegelnden Oberfläche keine Verschiedenheiten erkennen. Betrachten wir aber einen Dünnschliff unter dem Mikroskop, so erhalten wir ein sinnfälliges Bild der Verschiedenheit z. B. von Gußeisen und Stahl (s. Tafel). Es liegt sehr nahe, sich diese erst durch die mikroskopische Vergrößerung und Anätzung sichtbaren Körner wiederum aus noch viel kleineren Körnchen aufgebaut zu denken, die man vielleicht mit einem Übermikroskop, etwa dem modernen Elektronenmikroskop sehen könnte. Wir werden später erfahren, daß selbst das Elektronenmikroskop es nicht vermag, die letzten Teilchen auf den Abbildungsschirm zu zeichnen.

Physikalisch betrachtet bilden die Eigenschaften die Grundlage für die vielseitige Verwendung. Aber es ist auch eine chemische Betrachtung einschlägig, da die Eigenschaften sich ursächlich aus der stofflichen Zu-

sammensetzung ergeben und daher bei Beherrschung der Zusammenhänge zwischen der physikalischen Erscheinungsform und dem chemischen Bau in gewünschter Richtung wandelbar sind. Für das Verständnis solcher, zunächst zauberhaft[1]) erscheinender Eingriffe ist es notwendig, einen klar umschriebenen Stoffbegriff zugrunde zu legen und
allmählich in die Gesetzmäßigkeit der stofflichen Änderungen einzu-
dringen, auch wenn dies von den praktischen Zielen noch so weit entfernt zu liegen scheint.

4. Reinstoffe; Gemenge

**Ein Stoff wird als homogen[2]) oder gleichteilig oder als Reinstoff
bezeichnet, wenn seine wesentlichen Eigenschaften in jedem beliebig
kleinen Teil keine Änderung aufweisen.** B e i s p i e l e : Fensterglas,
Würfelzucker, Silber.

Anders ist es bei dem bekannten Gestein Granit[3]). Wir können feststellen, daß er fettig glänzende (Quarz), glasglänzende (Feldspat) und
silbrig glänzende Anteile (Glimmer) enthält.

**Ein Stoff, innerhalb dessen Verschiedenheiten der wesentlichen Eigen-
schaften beobachtet werden können, wird als ungleichteilig oder heterogen[4]) bezeichnet.** B e i s p i e l e : sehr viele Gesteine; Eisenbeton.

Der Mensch verläßt sich in erster Linie auf sein Auge und hat gelernt,
durch besondere Vorrichtungen die Gesichtsempfindung zu vervollkomm-
nen. Daher gelten diese Worterklärungen auch für die Betrachtung unter der
Lupe und unter dem Mikroskop. Manche scheinbar homogene Stoffe erweisen
sich dabei als heterogen, z. B. graues Gußeisen (s. Tafel) und die Milch.

Wenn in einem heterogenen Körper der Zusammenhalt verlorengeht
oder nur äußerlich durch die Packung gegeben ist, spricht man von
einem Gemenge:

**Unter einem Gemenge versteht man ein Gemisch von zwei oder
mehreren Stoffen, das durch mechanisch-physikalische Eingriffe wieder
getrennt werden kann, da die wesentlichen Eigenschaften der Bestandteile erhalten geblieben sind. Besondere Gewichtsverhältnisse sind nicht
erforderlich.**

B e i s p i e l e : Schwarzpulver für Jagdmunition, sowie viele Zünd- und
Brandsätze v o r dem Gebrauch; vgl. S. 46 und 65! Für den dauernden Bestand solcher Gemenge wird stillschweigend vorausgesetzt, daß stoffliche

---

[1]) Vgl. die Zielsetzung der Alchemie! Von den Eigenschaften aus betrachtet
hat die moderne Legierungschemie das unedle Eisen in ein Edelmetall verwandelt, nämlich in den nichtrostenden, dem Gold an Widerstandsfähigkeit
kaum nachstehenden Edelstahl.
[2]) Gr. homos = gleich.
[3]) Lat. granum = Korn.
[4]) Gr. heteros = anders, fremd, gennán = erzeugen.

Veränderungen solange ausgeschlossen sind, als die gewöhnlichen Druck-, Temperatur- und Belichtungverhältnisse herrschen und daß die überall vorhandene Luft mit ihrem Feuchtigkeits- und Organismengehalt das Gemenge nicht beeinflußt. Im täglichen Leben sind Reinstoffe äußerst selten anzutreffen. In den meisten Gebrauchsstoffen sind „Beimengungen" oder „Verunreinigungen" enthalten.

Wegen der Beziehungen zu den L ö s u n g e n hat man für Gemenge, an welchen Flüssigkeiten (oder Gase) beteiligt sind, besondere Namen eingeführt: S u s p e n s i o n[1]), E m u l s i o n[2]), S c h a u m.

Unter Suspension versteht man eine Aufhängung von kleinen festen Teilchen in einer Flüssigkeit (oder einem Gase), also heterogene Stoffe, bei welchen man mit dem bloßen Auge oder dem Mikroskop unterscheiden kann: 1. Die Flüssigkeit (oder das Gas) und 2. die festen Teilchen.

B e i s p i e l e : F l u ß w a s s e r , namentlich bei Überschwemmungen. Die L u f t in der Nähe der Erdoberfläche; deshalb kann man Sonnenstrahlen in einem Zimmer bei seitlicher Betrachtung verfolgen (s. S. 44!). Auch das B l u t ist eine t r ü b e F l ü s s i g k e i t , eine Aufhängung von weißen und roten Blutkörperchen in einer schwach gelblich gefärbten Flüssigkeit. Künstlich hergestellte Suspensionen sind die Anstrich- und Malfarben, ferner manche Heilsalben; hier ist die „Salbengrundlage" eine halbfeste Masse.

Wenn die Teilchen so klein sind, daß sie unter dem gewöhnlichen Mikroskop nicht mehr erkannt werden können, spricht man von Lösungen. Es gibt also einen allmählichen Übergang von Suspensionen zu Lösungen, nämlich die Abnahme der Teilchengröße unter die mikroskopische Sichtbarkeit (vgl. S. 25!).

Unter Emulsion versteht man die Aufhängung von Flüssigkeitsteilchen (Tröpfchen) in einer Flüssigkeit. Voraussetzung ist, daß die Flüssigkeiten sich nicht gegenseitig lösen (mischen). B e i s p i e l für eine künstliche Emulsion: Wenig Olivenöl in Alkohol erhitzt und rasch (durch Einstellen in Wasser) abgekühlt. Das Reagierglas darf nur zu $1/3$ mit Alkohol (oder Brennspiritus) gefüllt sein (feuergefährlich!).

Salatöl, in frisch gespülte und nicht ausgetrocknete Flaschen gefüllt, wird trüb: feinste Wassertröpfchen im Salatöl.

Aus der Milch gewinnt man Butter (Fett) und Käse (Eiweiß). Das in Wasser unlösliche Fett ist in sehr feinen Tröpfchen „suspendiert". Das Milcheiweiß ist in gelöstem Zustand in der Milch enthalten. Während das Hühnereiweiß beim Kochen gerinnt, ist dies bei der Milch nicht der Fall. Erst bei Zugabe von Essig- oder Zitronensäure gerinnt die Milch. Auch die durch Gärung (Bazillen[3]) aus dem Milch z u c k e r entstehende Milchsäure bringt die Milch zum Gerinnen.

M i l c h i s t a l s o e i n e E m u l s i o n v o n F e t t r ö p f c h e n i n e i n e r s ü ß e n E i w e i ß l ö s u n g. Salz und Vitamingehalt s. Teil III, S. 60 und 133!

Die Gurkensalat„soße" ist eine Emulsion von Salatöltröpfchen in einer verdünnten essigsauren oder zitronensauren Kochsalzlösung.

---

[1]) Lat. suspensus = hängend, schwebend.
[2]) Lat. emulgere = ausmelken; Emulgierung = Bildung einer Emulsion.
[3]) Bazillen = Spaltpilze.

Da Fett und auch der Hauttalg des Menschen in Wasser unlöslich sind, so ist der Vorgang beim Waschen gleichbedeutend mit einer Emulgierung im Seifenwasser.

Schäume sind Aufhängungen von Gasbläschen in einer Flüssigkeit. B e i s p i e l e : Seifenschaum, Schlagrahm, Bierschaum. Viele Backwaren sind erstarrte Schäume. Vgl. auch die Übg. am Schluß des nächsten Abschnittes S. 17!

5. Übersicht über häufig angewandte Trennungsmethoden

1. A u s l e s e n (Anwendung in der Küche) und dessen mechanische Vervollkommnung, das S i e b e n (Anwendung im Baugewerbe, beim Vermahlen des Getreides).

2. F i l t r i e r e n beruht ähnlich wie das Sieben auf verschiedener Teilchengröße. Die Flüssigkeitsteilchen dringen infolge der leichten Veränderlichkeit ihrer Gestalt durch die Zwischenräume der Filterschicht[1]). F e s t e Teilchen, deren Durchmesser die Filterporengröße übertrifft, werden zurückgehalten: „F i l t e r r ü c k s t a n d". Die durch das Filter hindurchgelaufene Flüssigkeit bezeichnet man als das „F i l t r a t". Je nach der beabsichtigten Wirkung verwendet man als Filtermaterialien: Kies, Sand, Holzkohle, Tierkohle, Glaswolle, porösen Ton, Asbest[2]), feine Gewebe und Papier. Beispiel aus dem Haushalt: Herstellung von Apfelgelee und rohen Kartoffelklößen. Im einen Fall verwendet man das Filtrat weiter, im anderen den Filterrückstand. Die Durchlaufgeschwindigkeit kann man durch Abpressen und Absaugen beschleunigen. Vielfache Verwendung von Filterpressen in der Industrie (z. B. bei der Porzellanrohmasse) und in Brauereien.

Berkefeldfilter sind Hohlzylinder aus gebrannter Kieselgur.
Wegen der veränderlichen Gestalt „zwängen" sich Öltropfen durch die Poren des gew. Papierfilters. Deshalb kann man Emulsionen im Gegensatz zu Suspensionen durch Filtrieren nicht trennen.

3. Zentrifugieren[3]) mit nachfolgendem oder gleichzeitigem Abgießen, z. B. bei der Milchentrahmung, ist als Fliehkraft-Trennung tausendfach so wirksam als die Schwerkraft-Trennung beim Schlämmen (alte Goldwäscherei). Beide beruhen auf verschiedener Sinkgeschwindigkeit, hervorgerufen durch verschiedenes spezifisches Gewicht. Bei der S c h w i m m a u f b e r e i t u n g der Erze wird durch besondere Zu-

---

[1]) Das am häufigsten verwendete Filter ist ein durch einen Glastrichter gestütztes Papiersieb aus verfilzten Zellulosefasern.
[2]) Gr. asbestos = unverbrennlich; Asbest ist ein Mineral der Hornblendegruppe (vgl. S. 30, Fn. 4!).
[3]) Zentrifuge = Trommelschleuder (lat. zentrifugal = den Mittelpunkt fliehend).

sätze die Benetzbarkeit herabgesetzt und andererseits die Schaumbildung begünstigt. Scheidetrichter, III, 82, Bild 7.

4. E x t r a h i e r e n (Herauslösen). Hiebei wird die verschiedene Löslichkeit in geeigneten Lösungsmitteln ausgenützt. Die vom Unlöslichen getrennte Lösung wird in beabsichtigter Weise weiterverarbeitet; z. B. Kaffee- und Teebereitung, Kochsalzgewinnung (s. S. 69!), **Fettgewinnung aus Knochen**; Fleischextrakt.

5. A u s s c h m e l z e n. Hiebei handelt es sich um Trennung einer durch Erwärmung hergestellten Schmelze von nicht schmelzbaren Anteilen oder Trennung von leicht- und strengflüssigen Anteilen; z. B. Herstellung von Schweineschmalz; Gewinnung von Rohschwefel und Metallen.

Besondere physikalische Trennungsmethoden sind die m a g n e - t i s c h e (Eisenerze) und die e l e k t r i s c h e (Gasreinigung von Flugstaub; S. 76).

Übg.: Gelbes Schwefelpulver (Schwefelblumen)[1] und dunkelgraues Eisenpulver DAB 6[2]) werden in beliebigem Verhältnis in einer Porzellanschale vermischt. Dadurch entsteht o h n e   j e d e   T e m p e r a t u r ä n d e r u n g ein bei Betrachtung aus größerer Entfernung einheitlich aussehendes Gemenge, dessen Farbe, je nach der Menge des Schwefels, mehr oder weniger aufgehellt ist. Mit Hilfe einer Lupe kann es als ungleichteilig (heterogen) erkannt werden und könnte, zwar mühsam, auch durch Auslesen unter der Lupe getrennt werden (Methode 1).

Beim Einbringen in Wasser (Rgl.)[3] und kräftigen Schütteln beobachtet man eine, allerdings unvollkommene Trennung der Suspension, verursacht durch die verschiedene Sinkgeschwindigkeit infolge des verschiedenen spezifischen Gewichtes: unten dunkelgraues Eisen, darüber heller Schwefel (Methode 3). Daß sich etwas Schwefelpulver an der Oberfläche ansammelt, rührt davon her, daß an der Grenzfläche zwischen Wasser und Luft besondere Kräfte auf den schwer benetzenden Schwefel wirken, die als Oberflächenkräfte bezeichnet werden. Eine Verbesserung dieses „Schwimmens" des spezifisch schwereren Schwefels ($s = 2$) wird durch Z u g a b e von wenig Brennspiritus erzielt. Schaumbildung vergrößert nämlich d i e wirksame Grenzfläche zwischen Flüssigkeit und Luft sehr beträchtlich. (Vgl. S. 15 und S. 18!)

Ein Magnet sondert, besonders beim Ausbreiten des Gemenges in dünner Schicht, das stark magnetische Eisen vom Schwefel, welcher durch geringe Erschütterung vom Magneten abfällt, soweit er zwischen Eisenteilchen mit emporgerissen worden war.

Die Trennung nach Methode 4 mit Hilfe von Schwefelkohlenstoff (Extraktion des Schwefels) ist wegen der großen Feuer- und Explosionsgefährlichkeit dieses Lösungsmittels nicht empfehlenswert. (Vgl. S. 48 und auch S. 90!)

Ergebnis: Im Gemenge Schwefel und Eisen besitzen die Bestandteile noch ihre besonderen, nur ihnen zukommenden Eigenschaften: Farbe, spezifisches Gewicht usw. Durch Ausnützung der Verschiedenheit kann man das Gemisch physikalisch trennen.

---

[1]) Ähnliche Bezeichnung wie Eisblumen (am Fenster bei Frost).
[2]) Nach den Vorschriften des „Deutschen Arzneibuchs 6" in besonderer Weise hergestellt.
[3]) Rgl. = Reagierglas = Proberöhrchen oder Prüfglas.

6. Die Zustandsformen, Lösung, Diffusion, kolloide und kristallisierte Stoffe als Folge des Aufbaus aus Molekeln

Bisher wurden die Begriffe fest, flüssig und gasförmig nicht weiter erklärt. In ihnen scheint eine Abstufung der stofflichen Raumerfüllung zum Ausdruck zu kommen, so daß wir von der Betrachtung der Übergänge fest ⟷ flüssig und vor allem vom gasförmigen Zustand Einblicke in den inneren Bau der Stoffe erwarten dürfen.

1. Das schmelzende Eis gibt beim Übergang in Wasser seine Gestalt auf und liefert eine sich allen Formen anschmiegende Flüssigkeit mit ebener Oberfläche, und zwar geschieht dies bei einer bestimmten Temperatur (0⁰) unter Zuführung einer bestimmten Wärmemenge (für 1 kg 80 kcal), ohne daß dadurch die Temperatur 0⁰ sich ändert.

Diese Wärme schlüpft in den Stoff hinein, so daß also der flüssige Zustand energiereicher ist als der feste (latente Schmelzwärme). Bringen wir Wasser in einem Raum von 100⁰, so geht es in Dampf über, aber auch wieder nur bei Zuführung einer bestimmten Wärmemenge, nämlich 537 kcal für 1 kg. Im Wasserdampf liegt also eine noch energiereichere Zustandsform vor. **Wasserdampf** ist ein vollkommen **unsichtbares Gas**. In dem vom Destillationskolben zum Schlangenkühler führenden Rohr können wir z. B. keinen strömenden Dampf sehen (Bild 3). Das, was wir gewöhnlich Dampf nennen, ist in Wirklichkeit kein Gas mehr, sondern es sind feine Wasser**tröpfchen** (Nebel). Der aus einer Lokomotive ausgestoßene Dampf wird z. B. erst in einiger Entfernung vom Dampfrohr sichtbar, wenn durch die kalte Luft in ihm Tröpfchen kondensiert sind. Die im Wasserdampf aufgespeicherte Wärmeenergie kann zum Heizen verwendet werden. Hier handelt es sich offensichtlich um einen physikalischen Vorgang, da wir ihn beliebig oft durch Abkühlung und Erwärmung wiederholen können. Wir werden aber bei chemischen Vorgängen noch häufig die Feststellung machen, daß bei der Bildung eines Stoffes Wärmemengen in ihn eintreten und dort, durch Temperaturmessung unauffindbar, aufgespeichert bleiben. Erst bei der chemischen Umwandlung können sie wieder in Erscheinung treten. Die auch verborgen bleibende (latente) Schmelz- und Verdampfungswärme bietet uns einen Zugang für das Verständnis der bei chemischen Reaktionen verschwindenden und auftretenden Wärmemengen.

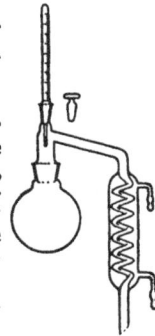

Bild 3.
Destilliergerät

Wenn man ein Stück Kandiszucker in einem Mörser zu Staubzucker zerstößt, so gibt der Zucker auch bis zu einem gewissen Grade seine eigene Gestalt auf. Er „läuft" wie eine Flüssigkeit aus der Tüte, füllt die Zuckerdose und schmiegt sich eng deren Form an. Aber trotzdem ist er noch ein fester Stoff, denn jedes einzelne Zuckerkörnchen zeigt unter der Lupe feste Umrisse, wir könnten mit verfeinerten Methoden noch die Härte feststellen usw.

Aber einen Weg zum Verständnis des Schmelzvorganges hat uns das Verhalten des Zuckers doch gegeben. Wir können annehmen, daß das Eis aus einer riesigen Anzahl kleinster, auch mit dem besten Mikroskop

nicht sichtbarer Teilchen besteht, deren Zusammenhang durch Wärmezufuhr gelockert wird. Wir wissen aus der Physik, daß Energie gleichbedeutend ist mit der Fähigkeit, Arbeit zu leisten, und daß die beiden Energieformen Wärme und mechanische Energie in einander übergeführt werden können (mechanisches Wärmeäquivalent). Wärme ist nun eine gerade auf diese kleinsten Teilchen in besonderer Weise ansprechende Energieform.

Beim Zerstoßen des Zuckers wird an den großen Kristalltrümmern von außen her gearbeitet. Durch Erwärmen des Eises wird von innen her an den kleinsten, unsichtbaren Teilchen Arbeit geleistet mit dem Erfolg, daß sie unter der Einwirkung der Schwerkraft verschiebbar werden. Beim Erhitzen von Glas und Schmiedeeisen geht der dünnflüssigen Schmelze ein Übergangszustand des teigigen Erweichens voraus, der für die Bearbeitung dieser Werkstoffe von besonderer Bedeutung ist. Die zugrunde liegende Annahme ist also, daß die kleinsten unsichtbaren Teilchen eines Stoffes sich gegenseitig anziehen und daß diese Kohäsion[1]) vom Wärmeinhalt beeinflußt wird.

Durch die Zufuhr von Wärme wird die Kohäsionskraft zwar nicht ausgeschaltet, aber wir v e r g r ö ß e r n d i e B e w e g l i c h k e i t d e r T e i l c h e n , w o d u r c h d i e K o h ä s i o n w e n i g e r w i r k s a m w i r d .

Die zwischen den Flüssigkeitsteilchen noch vorhandenen Kohäsionskräfte erkennt man an der Wölbung der Oberfläche am Rand der Gefäße und an der Kugelform der freischwebenden Tropfen, ganz abgesehen von dem bestimmten V o l u m e n der Flüssigkeiten. Das Überlaufen der siedenden Milch ist durch Schaumbildung verursacht und nicht etwa durch eine besonders starke Dehnung der Flüssigkeit beim Sieden. Am einzelnen Tropfen hat die Kohäsionskraft die Ausbildung der kleinstmöglichen Oberfläche zur Folge, bei der leichten Verschiebbarkeit der Flüssigkeitsteilchen eben die Kugelfläche. Ein ungeschickter Sprung in das Wasser beim Baden überzeugt uns davon, daß die Kohäsion und mit ihr die Oberflächenspannung sehr beträchtlich ist und unserem Eindringen in die Oberfläche Widerstand entgegensetzt. (Vgl. die Übg. im vorhergehenden Abschnitt!)

Wenn dauernd für Durchmischung gesorgt wird, bleibt die Temperatur während des Schmelzvorgangs stetig gleich hoch (in diesem Fall 0^0). Die Wärmeenergie geht in eine für Temperaturmessung verborgene Form über, weil der Übergang fest → flüssig eine Vergrößerung des Energiegehalts erfordert, welcher der Beweglichkeit der kleinsten Teilchen[2]) zugeordnet wird.

Warum haben wir dann den Zucker nicht zu einer Schmelze zerreiben können? Weil bei der Reibetemperatur der flüssige Zustand unbeständig ist. Wenn also der Zucker durch den Reibedruck in das „Fließen" kommen sollte, so würde die Druckentlastung zur Folge haben, daß die Kohäsion dann wieder Kriställchen bildet, solange die Temperatur unterhalb des Schmelzpunktes bleibt.

---

[1]) Von lat. co = zusammen und haerere = hängen.

[2]) Ganz unbeweglich sind aber auch die Teilchen in festen Stoffen nicht. Bei sehr alten, versilberten Gegenständen kann man Silber in der unedlen Grundmasse feststellen. Also müssen sich Silberteilchen nach innen bewegt haben. — Auch in der Flüssigkeit steigert Wärme die Beweglichkeit: heißes Wasser filtriert schneller als kaltes.

2. Wir dürfen die Annahme kleinster Teilchen für Eis und Zucker als eine Eigenschaft aller Stoffe ansehen. Man kann z. B. auch Glas zerschlagen und schließlich in einer Reibschale weiter zerkleinern. Betrachtet man das feine Pulver unter dem Mikroskop, so scheinen noch „große" Stücke vorhanden zu sein. Die Teilung kann man sich also so weit fortgesetzt denken, als überhaupt Stoff vorhanden ist. Durch bloßes Nachdenken über den Begriff „Teilung" kommt man an keine Grenze der Teilbarkeit.

Die Physik und die Chemie sind jedoch zu dem Ergebnis gekommen, daß es von jedem Stoffe kleinste Teilchen gibt, die so „hart" sind, daß man sie nicht auseinanderbringt. Die Grenze ist also dann erreicht, w e n n   e i n e r   w e i t e r e n   m e c h a n i s c h e n   T e i l u n g   u n - ü b e r w i n d l i c h e r   W i d e r s t a n d   e n t g e g e n g e s e t z t   wird. Die letzten Teilchen sind, auch bei weichen Stoffen, Flüssigkeiten und Gasen, härter als der Diamant, d. h. sie übertreffen jede mechanische Ritzhärte. Zu ihrer Zerschlagung sind viel konzentriertere Energien notwendig als wir durch Schlagen und Stoßen aufbringen können. Sie führen den Namen **Moleküle**[1]), ein lateinisches Lehnwort aus dem Französischen, oder **Molékeln**. Diese letzten Stoffteilchen sind so klein, daß sie von den gewöhnlichen Lichtstrahlen nicht erfaßt werden, also **unsichtbar** sind. Nur mit Hilfe kurzwelliger Strahlen, der sog. Röntgenstrahlen, kann man ihre Anordnungen in den Kristallen erkennen. Ihre Winzigkeit geht aus der riesigen Zahl hervor, die z. B. im ccm eines Gases bei 0^0 C und 760 mm Druck enthalten sind: 27 Trillionen ($27 \cdot 10^{18}$!), d. h. eine Zahl mit 18 Nullen. Dies wurde selbstverständlich nicht durch Auszählen, sondern durch Berechnung (nach verschiedenen, voneinander unabhängigen Methoden) ermittelt. In festen Stoffen liegen die Molekeln viel näher beisammen, so daß z. B. 58,5 g Kochsalz $6,06 \cdot 10^{23}$ Molekeln enthalten, oder zum Vergleichen umgerechnet: in 1 ccm sind $22,4 \cdot 10^{21}$ zusammengedrängt.

Wenn wir einen S t o f f   z e r t e i l e n ,   s o   b l e i b e n   d i e   M o l e - k e l n   u n b e r ü h r t , wir zerstören nur gewaltsam ihren Zusammenhang, so daß mehr oder weniger große Verbände abgetrennt werden. Die Molekeln liegen nämlich nicht dicht aneinander, sondern zwischen ihnen sind Räume, welche z. B. durch Erwärmen vergrößert und durch Abkühlen verkleinert werden. Das ist gleichbedeutend mit der Verneinung einer zusammenhängenden Raumerfüllung. Zwischen den Molekeln herrschen also Kräfte, welche sie zusammenhalten (Kohäsion)

---

[1]) Lat. molécula = kleinste Masse.

und a u c h a u s e i n a n d e r t r e i b e n[1]). Am stärksten ist die Kohäsion bei den festen Stoffen. Diese nehmen einen bestimmten Raum ein und besitzen eine selbständige Form. Bei den flüssigen Stoffen sind die Teilchen mehr oder minder leicht verschiebbar (unter Einwirkung der Erdschwere): daher noch ein bestimmter Raum, aber keine bestimmte Form. **Bei den gasförmigen Stoffen ist der Zusammenhalt zwischen den Molekeln ausgeschaltet.**

Das Volumen der Gase ist von Druck und Temperatur abhängig (nach dem Boyle-Mariotte-Gay-Lussacschen Gesetz). Von einer Form bei Gasen spricht nur die Meteorologie bei „Kaltluftkörpern" von riesigen Ausmaßen.

Die einzelnen und deshalb unsichtbaren Gasmolekeln befinden sich jedoch nicht in Ruhe, sondern in einer von der Temperatur abhängigen lebhaften Bewegung[2]): Daher besitzen die Gase die Fähigkeit, sich in dem ihnen zur Verfügung stehenden Raum gleichmäßig auszubreiten und durch ihren Anprall auf die festen Grenzen dieses Raumes einen Druck auszuüben. Die Zusammenwirkung beider Eigenschaften läßt sich experimentell nachweisen. Denn außer der Temperatur ist für die Geschwindigkeit der selbständigen Gasmolekeln noch ihr von der stofflichen Zusammensetzung abhängiges spezifisches Gewicht maßgebend, d. h. die leichten Molekeln bewegen sich schneller als die schweren.

3. Der Zylinder aus porösem Ton (Z) enthält Luft und ist unten luftdicht abgeschlossen mit Ausnahme einer Bohrung, durch welche die Glasröhre (in Wirklichkeit doppelt so lang als in der Zeichnung) zu der mit gefärbtem Wasser gefüllten Flasche F führt. Diese wirkt an Stelle eines Manometers als „Spritzflasche". Solange in der Tonzelle und unter der Glasglocke G sich Luft befindet, herrscht Gleichgewicht, da genau so viel Luft in die Tonzelle eindringt, als aus der Tonzelle austritt. Leitet man Wasserstoff, das leichteste aller Gase, zu — der Entwicklungsapparat ist für den Versuch nebensächlich —, so befindet sich die

---

[1]) Vgl. II, 149! Das Zusammenspiel der zusammenhaltenden und auseinandertreibenden Kräfte ergibt überhaupt erst die Raumerfüllung der festen und flüssigen Stoffe. Wie groß der Schwund wäre, wenn die Expansion nicht vorhanden wäre oder überwunden werden könnte, geht aus der Angabe des Physikers L e n a r d hervor, daß ein Platinblock von 1 cbm weniger als 1 ccm für sog. Kanalstrahlen undurchdringliche Masse enthält.

[2]) Die eigenbeweglichen Molekeln sind nur scheinbar ein „*perpetuum mobile*". Ihre Bewegungsgröße wird auṣ ihrem Wärmeinhalt gespeist. Spätestens beim absoluten Nullpunkt hört ihre Bewegung auf. Die dann noch vorhandene Energie der ruhenden Molekel wird als Nullpunktsenergie bezeichnet (II, 146!).

Tonzelle in einer Wasserstoffatmosphäre. Die Wasserstoffteilchen dringen viel rascher in die Tonzelle ein
als die Luft heraus kann, es entsteht
gewissermaßen ein Gedränge. Das
Wasser spritzt aus, bis sich im Ton-
zylinder nur Wasserstoff befindet.
Hebt man jetzt die Glocke (vorsichtig) ab, so geschieht das Umgekehrte.
Der Wasserstoff tritt aus Z schneller
aus, als Luft hineindringt. Das Wasser wird durch den auf die Düse B
wirkenden Außendruck aus der Flasche F in den Zylinder Z gedrückt
(hochgesaugt). Wenn genügend Luft
in Z eingedrungen ist, sinkt das
Wasser wieder zurück. Der Fach-
ausdruck für diese Gasbewegungen
ist Diffusion, s. S. 25!

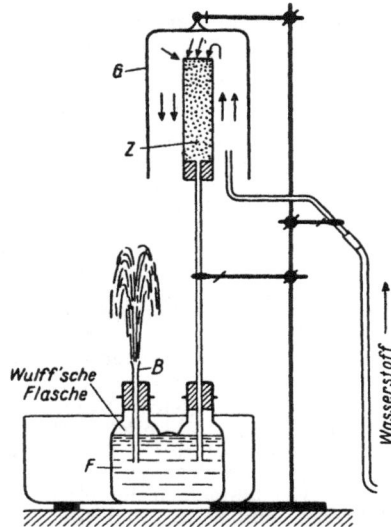

Bild 4.

Besonders zu beachten ist, daß die Glasglocke G unten offen ist, daß
also keinesfalls ein aus dem Entwickler fortwirkender Druck den
Wasserstoff in Z hineintreibt, sondern daß es nur **die abgestufte Eigenbeweglichkeit der Gase sein kann.**

Durch Poren von der gleichen Größenordnung, „Spaltöffnungen", atmen
und assimilieren (S. 112) die Blätter der Pflanzen infolge der Diffusion, ohne
daß sie eine Atembewegung zu machen brauchen und ohne Mitwirkung des
Windes.

Noch eine zweite Beobachtung ist hervorzuheben: Das Ausspritzen
und Zurücksteigen erfolgt sehr schnell nach dem Zuleiten des Wasserstoffs bzw. nach dem Abheben der Glasglocke G, gut nachweisbar am
Schwanken der Wassersäule im Steigrohr, wenn man die Glocke nicht
ganz abhebt, sondern in vertikaler Richtung hin und her bewegt. Bei
plötzlichem Abheben steigt das Sperrwasser sogar in die Tonzelle Z
hinein und behindert eine Wiederholung des Versuches. Die mit dem
bloßen Auge kaum wahrnehmbaren Poren der Tonzelle müssen also
für den Wasserstoff sehr weite Rohre sein, durch die er nahezu ungehindert hindurcheilt. Die Gasmolekeln müssen folglich in Wirklichkeit sehr klein sein und eine im Verhältnis dazu sehr große, nach ihrem
spezif. Gewicht abgestufte Geschwindigkeit besitzen.

4. Jeder von uns hat schon Zuckerwasser bereitet und gesehen, wie
der Zucker für unsere Augen verschwindet; wir sagen, er „zergeht".
Wir können schließlich der Flüssigkeit nicht mehr a n s e h e n , ob sie
reines Wasser oder Zuckerwasser ist. Das **Gemenge der verschiedenen**

Stoffe ist **homogen** geworden. Man nennt diesen Vorgang Auflösung oder kurz **Lösung**. Wasser ist das L ö s u n g s m i t t e l, Zucker der g e l ö s t e S t o f f. Eine Geschmacksprobe zeigt sofort, daß der Zucker nur für unsere A u g e n v e r s c h w u n d e n ist.

Übg.: Zu Wasser in einem Kolben setzen wir eine geringe Menge gepulverten Alaun, einen als Farbbeize und zum „Leimen" von Papier viel verwendeten, farblosen Stoff, und stellen durch Thermometerbeobachtung während des Lösungsvorgangs Temperaturrückgang fest[1]). Beim Zufügen von weiteren, sehr kleinen Mengen Alaunpulver dauert es immer längere Zeit bis zur Auflösung. Schließlich löst sich auch bei kräftigem Umschütteln nichts mehr: Die Lösung ist für diese Temperatur „**gesättigt**". Beim Erhitzen geht der Bodensatz in Lösung und die Flüssigkeit nimmt bis zum Sieden ein Vielfaches des für die **kalt gesättigte** Lösung erforderlichen auf. Die von dem nicht mehr in Lösung gegangenen abgegossene Flüssigkeit ist die **heiß gesättigte** Lösung. Je reicher eine Lösung an gelöstem Stoff ist, desto k o n - z e n t r i e r t e r ist sie.

Wenn wir die gleiche Versuchsfolge mit Salpeter wiederholen, kommen wir zu einem ganz ähnlichen Ergebnis. Etwas anderes ist es beim Kochsalz. Hier löst sich bei hoher Temperatur nur eine wenig größere Salzmenge als bei gewöhnlicher Temperatur (Bild 5, Löslichkeitsdiagramm).

Übg.: Wir hängen in den Kolben, der die heiße Alaunlösung enthält, einen Wollfaden und sehen, daß beim Abkühlen sich langsam Alaun ausscheidet und sich am Boden des Gefäßes oder am Wollfaden absetzt. Ist die Lösung ganz kalt geworden, so haben wir wieder eine kaltgesättigte Lösung. Aber der Teil, der sich infolge der hohen Temperatur gelöst hatte, ist wieder ausgeschieden. Betrachten wir den Wollfaden mit der Lupe, so können wir schöne, aus Doppelpyramiden bestehende K r i s t a l l e sehen. Für die Beobachtung der Kristallisation aus gesättigter Lösung ist es vorteilhaft, Benzoesäure, eine organische (Kohlenstoff-) Verbindung, zu nehmen. Man kann dabei klar erkennen, welchen Einfluß auf die Kristall g r ö ß e langsames und schnelles Abkühlen (durch Einstellen in kaltes Wasser) ausübt.

Löslichkeitsbereich: Nicht alle Stoffe sind gleich leicht löslich. In 100 ccm Wasser werden bei Zimmertemperatur (18⁰) 0,20 g Gips, 36 g Kochsalz, 30 g Kalisalpeter oder 84 g Natronsalpeter gelöst. Derartige Zahlenangaben in Tabellen zu „Löslichkeitstafeln" zusammengestellt, sind für den Chemiker von großer Wichtigkeit. G a n z u n - l ö s l i c h i s t, s t r e n g g e n o m m e n, k e i n S t o f f. Auch das Glas, in welchem wir Wasser aufbewahren, ist in geringem Maße löslich. Ebenso ist es mit Porzellan, Quarz usw. Praktisch dürfen wir diese Stoffe aber als unlöslich betrachten. Je schwerer löslich ein Stoff ist, desto eher fällt er auch bei steigender Konzentration durch Eindunsten der Lösung aus. Die lösende Kraft des Wassers ist also nicht rein physikalischer Natur. In einem bestimmten Volumen wird nicht einfach von jedem Stoff

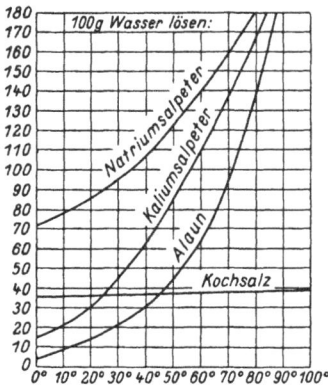
Bild 5.

Diagramm: 100g Wasser lösen: (Achse links 10–180, Achse unten 0°–100°), Kurven: Natriumsalpeter, Kaliumsalpeter, Alaun, Kochsalz.

[1]) Besonders deutlich ist die „Auflösungskälte" bei Salmiak. Vgl. auch die „Kältemischungen"!

eine Gewichtsmenge gelöst, die die gleiche Zahl[1]) von Molekeln enthält. Die Konzentration der gesättigten Lösung ist nicht von der physikalisch lösenden Kraft des Wassers allein abhängig, sondern sie ist
eine s t o f f l i c h e E i g e n s c h a f t des gelösten Stoffes.

5. **Wesen des Lösungsvorgangs:** a) In Filtrierpapier eingewickeltes
und mit Glasperlen beschwertes Kaliumpermanganat (übermangan-
saures Kalium) wird vorsichtig mit Wasser überschichtet und ruhig mit
einer Glasplatte zugedeckt stehen gelassen. Schon bald bemerken wir,
daß der Stoff sich löst und den u n t e r e n T e i l d e s W a s s e r s färbt.

b) In ein gleich großes Gefäß hängen wir die Kaliumpermanganat-
kristalle in einem Glastrichter auf einem zunächst trockenen Pa-
pierfilter unmittelbar unter die Oberfläche des Wassers. Es sinken
Ströme der violetten Salzlösung zu Boden und bald ist die g a n z e
F l ü s s i g k e i t g e f ä r b t, die L ö s u n g i s t a l s o s p e z i f i s c h
s c h w e r e r a l s d a s L ö s u n g s m i t t e l.

Betrachten wir den Versuch (a) nach ein paar Tagen, so bemerken
wir, daß jetzt die ganze Flüssigkeit gleichmäßig violett gefärbt ist. Die
spezifisch schwere Lösung hat also sich
e n t g e g e n d e r S c h w e r k r a f t in der
ganzen Flüssigkeit gleichmäßig verteilt. Es
sieht so aus, als ob das Kaliumpermanganat
unter Wasser v e r d a m p f e n würde.

An den beobachteten Lösungsvorgängen
fällt uns auf, daß sie ä h n l i c h e E i g e n -
s c h a f t e n a u f w e i s e n w i e d i e
G a s e.

Eine kleine Menge eines stark riechen-
den Gases macht sich erfahrungsgemäß in
verhältnismäßig kurzer Zeit in einem gro-

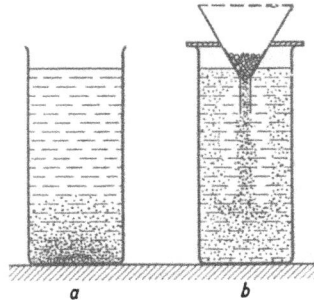
a   b
Bild 6.

ßen Raum bemerkbar (Leuchtgas!). Das durch unser Geruchsorgan
feststellbare, gegenseitige Durchdringungsvermögen der Gase wäre un-
vorstellbar, wenn die Molekeln in Ruhe wären (S. 21).

Im Versuch (a) verteilt sich nun das Kaliumpermanganat auch „von
selbst" in der ganzen Flüssigkeit. Wenn wir uns jetzt daran erinnern,
daß ein Gas aus lauter einzelnen zusammenhangslosen Molekeln besteht, die sich unabhängig voneinander im Raum b e w e g e n, so liegt
der Gedanke nahe, auch bei der Lösung etwas ähnliches anzunehmen.

B e i m A u f l ö s e n e i n e s S t o f f e s v e r l i e r e n e b e n d i e
M o l e k e l n i h r e n Z u s a m m e n h a n g. A l l e g e h e n s i e i n s
W a s s e r ü b e r; j e d e s e i n z e l n e g e h t s e i n e n e i g e n e n

---

[1]) Genaueres hierüber kann erst im Teil II gebracht werden.

W e g. In der Tat, der Sprachgebrauch hat recht; der Zucker ist „zergangen", d. h. er hat sich in seine einzelnen „Molekeln aufgelöst".

Lösen wir B r o m in Wasser, so erhalten wir eine rotbraune Lösung. Ebenso gefärbt ist aber auch das g a s f ö r m i g e Brom, wie wir uns durch Eingießen von ein paar Tropfen des flüssigen, schon bei gewöhnlicher Temperatur stark verdunstenden Broms in ein größeres Standglas überzeugen können. Rotbraun ist offenbar die F a r b e der Molekeln des Broms[1]).

Genau wie bei den Gasen verteilen sich beim Lösen die Molekeln infolge der durch ihren Wärmeinhalt bedingten Eigenbeweglichkeit im dargebotenen Raum, der diesmal durch die Menge des Lösungsmittels gegeben ist, auch entgegen der Schwerkraft.

Dieses Wandern der gasförmigen und der gelösten Molekeln nennt man **Diffusion**[2]). Es leuchtet uns auch ein, warum das Lösen bei Wärmezufuhr „besser ging". Auch der Temperaturrückgang beim Salzen einer kochenden Suppe, beim Auflösen von Salmiak usw. ist uns nun begreiflich. H i e r w i r d z u r Ü b e r w i n d u n g d e r K o h ä s i o n W ä r m e b e n ö t i g t.

Das Auflösen ist also auch eine Art Zustandsänderung wie das Schmelzen und Verdampfen.

Für die Zerteilung in die Molekeln ist es demnach gleichgültig, ob die gegenseitige Aneinanderhaftung im festen und flüssigen Zustand durch Einschieben der fremden Molekeln des Lösungsmittels beseitigt wird oder durch Erwärmen allein. Für die „Vergasung" besteht nur die Einschränkung, daß die Molekeln die beim Erwärmen zugeführten Energiemengen aushalten, was z. B. für Kaliumpermanganat nicht der Fall ist. **Über die Isolierung** der Molekeln hinausgehende Löslichkeit s. S. 56!

6. Läßt man die Lösungsmittel verdunsten, so erhält man die gelösten Stoffe u n v e r ä n d e r t wieder zurück, und zwar die festen in Form von Kristallen.

Es gibt aber auch Stoffe, welche sich beim Lösen anders verhalten. Bringt man ein Stückchen L e i m oder G e l a t i n e mit Wasser zusammen und erwärmt, so beobachtet man zunächst eine Volumenzunahme des Leimstückchens (Q u e l l u n g) und erst dann Lösung. Hat man wenig Wasser genommen, so ist die Lösung in der Kälte übersättigt. Der beim Abkühlen ausfallende Leim bildet jedoch keine Kristalle, sondern eine S u l z e oder G a l l e r t e. Stoffe, die sich wie Leim verhalten, bezeichnet man als leimähnliche = **kolloïde**[3]) Stoffe.

Die e c h t e n L ö s u n g e n (Kaliumpermanganat) und das v e r - d a m p f t e W a s s e r haben wir als die Z e r t e i l u n g der Stoffe in

---

[1]) Bei farbigen Stoffen können wir die Anwesenheit des gelösten oder vergasten Stoffes an der Farbe erkennen. Weiße Stoffe liefern **farblose** Lösungen.
[2]) Lat. diffundere = auseinandergießen, zerstreuen; Diffusion = Durchmischungsbestreben.
[3]) Gr. kolla = Leim; kolloïdal = nicht kristallisierbar (s. S. 25!).

ihre M o l e k e l n erkannt. Dann liegt es nahe, für die unechten, l e i m -
ä h n l i c h e n L ö s u n g e n auszusagen, daß hier der Stoff n i c h t
v o l l s t ä n d i g in die Molekeln aufgeteilt ist, sondern daß noch mehrere Molekeln beieinander geblieben sind: Molekelpakete, welche aber
so klein sind, daß man sie unter dem gewöhnlichen Mikroskop nicht
sehen kann. Eine Verbesserung der mikroskopischen Betrachtung, das
sog. Ultramikroskop, hat den Beweis erbracht, daß die durch ein Pa-
pierfilter klar durchlaufende kolloïde „Lösung" optisch nicht leer ist.
Das Elektronenmikroskop kann die Kolloïdteilchen sogar abbilden.
Auch bei Gassuspensionen dürfen wir einen solchen Zustand vermuten,
d. h. daß auch hier größere und kleinere Molekelpakete vorkommen
können, und das sind die „N e b e l".

Mit diesen Aussagen im Einklang steht das Verhalten der Stoffe
beim Entzug des Lösungsmittels. In der echten Lösung sind die Molekeln zwischen einer großen Zahl der Lösungsmittelmolekeln gleichmäßig aufgehängt. Verdunstet das Lösungsmittel, so bleiben nicht die
Einzelmolekeln zurück, sondern sie lagern sich unter dem Einfluß von
Molekularkräften mit auch äußerlich erkennbarer Regelmäßigkeit zusammen: sie **kristallisieren.**

Beim Leim hindern die Pakete die Entfaltung der zur Kristallisation
führenden Kräfte. Kleinere und größere Pakete verkleben zur Sulze
und schließlich bei vollständigem Wasserentzug zum „Lack". Da derartige Stoffe im festen Zustand keine Kristalle bilden, werden sie als
amorph (gestaltlos) bezeichnet. Genaueres darüber s. II, 102!

7. Die Wärmebewegungen der Molekeln sind weiterhin die Ursache
dafür, daß an Grenzflächen noch weit unterhalb des Siedepunktes einzelne Molekeln aus Flüssigkeiten und auch aus manchen festen Stoffen
in ein angrenzendes Gas oder in den künstlich hergestellten, leeren
Raum ausbrechen, ohne daß die Haftkraft (Kohäsion) sie wieder zurück-
holt. Man spricht dann von Verdunsten bzw. Sublimieren. Den Druck,
mit dem die Molekeln aus der Flüssigkeit oder dem festen Stoff weg-
streben, bezeichnet man als Tension, welche gegen den Siedepunkt zu
anwächst, aber auch bei niedrigerer Temperatur eine physikalisch meßbare Größe besitzt (III, 47).

**Unter Verdunsten versteht man den Übergang vom flüssigen in den
gasförmigen Zustand bei jeder Temperatur unterhalb des Kochpunktes.**
Das Verdunsten spielt sich an der Oberfläche ab, die Dampfbildung
beim Sieden dagegen im Inneren der Flüssigkeit. (Vgl. das Trocknen
der Wäsche und III, 87!)

**Den direkten Übergang vom festen in den gasförmigen Zustand
unter Überspringung des flüssigen Zustandes nennt man Sublimation.**
Vorläufige Beispiele: Kampfer und Jod.

Die Erscheinung, daß sich von der Oberfläche aus einzelne Molekeln gewissermaßen selbständig machen und bei Zimmertemperaturen in den Gaszustand übertreten, wird bei der Mottenbekämpfung ausgenützt. Während die Durchfeuchtung mit Flüssigkeit für diesen Zweck die sofortige Ingebrauchnahme der Kleider hindern würde, kann man Mottenpulver (Kampfer, Naphthalin, para-Dichlorbenzol) in einfacher Weise durch Ausbürsten entfernen. Trotzdem hat man durch die aus den festen Stoffen entwickelten, in die feinsten Poren vordringenden Gasmolekeln die Gewähr für die Fernhaltung der Schädlinge. Auch bei der Desinfektion benützt man gerne Gase, weil sie durch Diffusion viel sicherer die feinsten Ritzen erreichen, als dies durch Abwaschen bewirkt werden könnte.

II. Chemische Betrachtung des Aufbaus der Stoffe aus Molekeln

7. Grundformen der stofflichen Veränderungen.

1. Übg.: S. 16 haben wir die Art und Weise besprochen, wie wir ein Gemenge aus Schwefelblumen und Eisenpulver wieder trennen können. Wollten wir im Hinblick auf die weit auseinanderliegenden Schmelzpunkte des Eisens (1535°) und des Schwefels (114°) die Methode 5, S. 16 anwenden, so würden wir bemerken, daß in einem vom jeweiligen Mischungsverhältnis abhängigen Grade etwas Besonderes sich ereignet. Durch mühsames Ausprobieren könnten wir das wirksamste Verhältnis ermitteln.

Wir stellen das „richtige" G e w i c h t s v e r h ä l t n i s her, nämlich 4 Teile Schwefel und 7 Teile Eisen, füllen etwa $^1/_3$ eines Rgl. damit und erhitzen (Bunsenbrenner s. S. 51!). Zum Schutze der Tischplatte wird eine mit Sand gefüllte Schale oder Asbest darunter gelegt. Hört man bei Beginn des Glühens (am Boden des Rgl.) mit der Wärmezufuhr auf, so pflanzt sich die Glüherscheinung durch die ganze Masse fort, und zwar so stark, daß das Glas schmilzt. Dem aufsteigenden, gelben Qualm kommt keine wesentliche Bedeutung zu, da er nur der Destillation (physikalischen Änderung) des Schwefelanteils entstammt, welcher sich dadurch der chemischen Umsetzung entzieht. Nach dem Erkalten wird die erstarrte, bunte Anlauffarben zeigende Masse[1]) zu einem schwarzbraunen Pulver zerrieben.

E r g e b n i s : Die Schwefelkörner und die Eisenkörner, die wir vor dem Erhitzen mit bloßem Auge unterscheiden konnten, sind nicht mehr zu erkennen, auch unter dem Mikroskop nicht. Das einheitliche Pulver kann durch die bei der Übg. S. 16 angewandten Methoden nicht getrennt werden. Besonders auffallend ist, daß ihm der starke Magnetismus

---

[1]) Erstarrte Schmelze = Schlacke.

seines Eisenanteils ($^7/_{11}$) fehlt. Die Prüfung auf die sonstigen stofflichen Eigenschaften der neu entstandenen Masse ergibt, daß wir es nicht mehr mit Schwefel und auch nicht mehr mit Eisen zu tun haben können; alle für beide Stoffe kennzeichnenden Eigenschaften sind verschwunden. Es ist ein n e u e r, h o m o g e n e r S t o f f mit unerwarteten Eigenschaften entstanden. Er kann nur aus Schwefel und Eisen bestehen; die Luft, die als einziger dritter Stoff bei dem Vorgang dabei war, ist nicht beteiligt; denn auch unter Luftabschluß erhalten wir dieselbe Masse. Seiner Herkunft nach dürfen wir den neuen Stoff **Schwefeleisen** nennen. Man kann demnach sagen:

Schwefel + Eisen = Schwefeleisen **(Vereinigung)**.

In chemischen Gleichungen ist + ein Trennungszeichen; es bedeutet hier „noch nicht vereinigt". Statt des Gleichheitszeichens wird auch häufig ein Pfeil gebraucht.

2. In ein schwer schmelzbares Rgl. bringen wir etwas Quecksilberoxyd, ein orangerotes Pulver. Beim Erhitzen färbt es sich dunkelrot, beim Abkühlen wird es wieder hellrot: physikalischer Vorgang.

Steigern wir die Temperatur, so bemerken wir an den kälteren Rohrteilen einen zunächst grauen und dann metallisch glänzenden Beschlag. Erhitzen wir lange genug, so ist schließlich die gesamte Menge des roten Pulvers verschwunden und nur noch ein Metallspiegel vorhanden. W i e d e r u m h a b e n w i r e i n e n n e u e n S t o f f. Im Gegensatz zu dem vorhergehenden Versuch haben wir hier kein Gemenge erhitzt, sondern einen e i n z i g e n, h o m o g e n e n S t o f f! Der metallisch glänzende Stoff muß demnach für unser Auge unerkennbar in dem orangeroten Pulver enthalten sein. Erinnern wir uns an die Feststellungen über die Unsichtbarkeit der Molekeln auf S. 19, so können wir genauer sagen: der metallische Stoff ist in der Molekel versteckt gewesen. Da der ursprüngliche Zustand nicht mehr zurückkehrt, muß also bei seiner Freilegung noch etwas geschehen sein, was wir nicht sehen konnten.

Wir wiederholen den Versuch nochmals und halten aber dabei in das Rgl. einen glimmenden Holzspan. In dem Maße, wie der Belag auftritt, flammt der Holzspan heller auf. Es muß also ein Gas entweichen, welches das Aufflammen des Spanes verursacht: Sauerstoff, der sich infolge von Geruchlosigkeit und Farblosigkeit der direkten Beobachtung entzieht. Der Belag ist nichts anderes als Quecksilber. Beim Zusammenrühren mit einem Glasstab rollen die „Tropfen" herab.

E r g e b n i s : Der chemische Vorgang besteht in einer **Zerlegung** des orange gefärbten Pulvers in metallisches Quecksilber und das unsichtbare Gas (s. S. 37!). Quecksilberoxyd enthält also Sauerstoff in seinen Molekeln. Die Stoffbezeichnung hätte uns schon diese Zusammen-

setzung verraten können. Denn Oxyde sind, wie wir später hören
werden, Sauerstoffverbindungen. (Vgl. S. 36 und 50!)

Wie wir noch an zahlreichen Beispielen sehen werden, dürfen wir von den
Molekeln nur eine beschränkte Wärmebeständigkeit erwarten (s. S. 38!), die
allerdings in sehr weiten Grenzen schwankt. Die Molekel Schwefeleisen in
Übg. 1 ist z. B. glühbeständig.

Quecksilberoxyd = Quecksilber + Sauerstoff (Zersetzung)

3. **Umsetzung:** Ein aus 29 Teilen Zinnober und 7 Teilen Eisenpulver
hergestelltes Gemenge sieht rot aus, da die Farbe des Zinnobers gut
„deckt". Erhitzt man es in einem Rgl., so erhält man einen grauen Belag
und einen schwarzen Rückstand. Durch Zusammenkratzen des Belags
mit einem Glasstab kann man wieder Quecksilbertropfen erkennen.
Durch eine über den Rahmen unserer bisherigen Erkenntnisse hinausgehende Untersuchung läßt sich feststellen, daß der schwarze Rückstand
aus Schwefeleisen besteht, dem beim Versuch (1) erhaltenen Produkt.
(Vgl. S. 37 und S. 79!)

E r g e b n i s : Der 3. G r u n d v o r g a n g der stofflichen Veränderung, wobei a u s 2 A u s g a n g s s t o f f e n an Stelle des etwa
zu erwartenden »Zinnobereisens« durch Umsetzung 2 n e u e S t o f f e
e n t s t e h e n , läßt sich auf die beiden anderen zurückführen Da
Schwefeleisen entstanden ist, muß die Zinnobermolekel außer Quecksilber auch Schwefel enthalten. Beim 3. Grundvorgang sind also die
beiden ersten Vorgänge ineinander verflochten. Zinnober muß sich in
Quecksilber und Schwefel z e r l e g t haben (Grundform 2). Im Augenblick der Entstehung muß sich der Schwefel mit dem Eisen v e r -
e i n i g t haben (Grundform 1). Der Schwefel hat also seinen Platz
am Quecksilber mit dem Platz am Eisen vertauscht:

Zinnober + Eisen = Quecksilber + Schwefeleisen (Umsetzung).

Ein derartiger Ablauf wird auch als Austausch **(Substitution)** bezeichnet.
In der Schwefelverbindung (Zinnober) wird das Quecksilber durch Eisen
ersetzt.

Allgemeiner Überblick: Den Aufbau eines Stoffes aus seinen Bestandteilen bezeichnet man auch als **Synthese**[1]), die Zerlegung in die stofflichen Bestandteile als **Analyse**[2]). Im Laufe der letzten 150 Jahre hat
man alle bekannten Stoffe der Analyse unterworfen und auch andere
analytische Hilfsmittel als die Wärmezersetzung entdeckt und in immer
wieder verbesserter Form zur Anwendung gebracht.

Dabei ergab sich, daß sehr viele Stoffe aus zwei, drei, selten jedoch
aus mehr als vier bis fünf Teilstoffen zusammengesetzt sind. So besteht

---

[1]) Von gr. sýnthesis = Zusammensetzung, Ew. synthetisch.
[2]) Von gr. analýein = auflösen, trennen, zerlegen. Daher hieß die Chemie
früher vielfach S c h e i d e k u n s t .

Quarz aus Silizium und aus Sauerstoff, Wasser aus Wasserstoff und Sauerstoff, Zucker aus Wasserstoff, Sauerstoff und Kohlenstoff usw. Diese Teilstoffe jedoch, wie auch alle Metalle, lassen sich in keine einfacheren Stoffe mehr zerlegen. Solche nicht mehr weiter zerlegbare Stoffe nennt man **Elemente**[1]) oder G r u n d s t o f f e.

Alle Stoffe, die aus zwei oder mehreren Elementen zusammengesetzt sind, heißen **Verbindungen,** d. h. chemisch zusammengesetzte Stoffe, die aber **physikalisch homogen** sind.

In der Gleichung auf S. 27 bedeutet die linke Gleichungsseite ein **Gemenge,** die rechte die **Verbindung.** Schwefeleisen, Quecksilberoxyd, Zinnober sind Verbindungen; Schwefel, Eisen, Quecksilber und Sauerstoff sind **Elemente.**

Im Verhältnis zu den vielen Tausenden der bekannten Verbindungen ist die Zahl der Elemente klein. Ihre Anordnung auf den 96 Plätzen des sog. periodischen Systems der Elemente wird im Teil II erörtert. In der Tafel auf S. 135 sind 78 Elemente aufgeführt. Auf die Häufigkeit der Elemente bzw. ihrer Verbindungen wird im letzten Abschnitt dieses Teiles eingegangen.

Die Eigenschaften von Verbindungen können nach dem periodischen System S. 134 aus der elementaren Zusammensetzung vorausgesagt werden, aber durchaus nicht in einfacher Weise. An Stelle von Durchschnittswerten treten häufig unvermutete Gegensätze in Erscheinung.

In den 3 Grundformen wurde die stoffliche Reaktionsbereitschaft durch Erwärmen herbeigeführt. Nach S. 18/19 steigert diese Energieform die Beweglichkeit der Molekeln. Die Veränderungen selbst bestehen in Verschiebungen von Stoffteilchen innerhalb der Molekeln. Daß diese um so schneller vor sich gehen, je größer die Geschwindigkeit der beteiligten Molekeln ist und je größer die Angriffsfläche für sie ist, leuchtet ohne weiteres ein. Die Begünstigung kommt darin zum Ausdruck, daß bei Steigerung der Temperatur um 10⁰ die Geschwindigkeit des Ablaufs **(Reaktionsgeschwindigkeit)** verdoppelt wird. Deshalb gehören Chemie und Bunsenbrenner (S. 51) zusammen. Aber auch andere Energieformen, besonders die elektrische, vermögen stoffliche Änderungen (chemische Vorgänge) auszulösen, die mechanische nur in besonderen Fällen. — Zusammenfassung: Der Ablauf wird beschleunigt a) durch Erwärmen (Erhöhung der molekularen Geschwindigkeit); b) durch Zerkleinern (Verreiben) von festen Stoffen = Vergrößerung der Angriffsfläche; c) durch Lösen in indifferenten Flüssigkeiten (molekulare Zerteilung, um die Eigenbeweglichkeit der Molekeln zur Geltung zu bringen), wobei in Kauf genommen wird, daß die Lösungsmittelmolekeln der Reaktion etwas im Wege stehen; d) durch Einbringen von Stoffen, welche leicht zerfallende Molekelvergrößerungen bilden, z. B. Wasser (bei Reaktionen, welche trocken nicht ablaufen) oder durch Einbringen von großflächigen festen Stoffen, an welchen sich unbeständige Molekelvergrößerungen entwickeln können. „Katalyse" (S. 45) an den Wänden der Reaktionsgefäße oder an den auf besonderen Trägern befestigten Katalysatoren.

---

[1]) Dieser Elementbegriff deckt sich nicht mit dem alten Begriff der griechischen Philosophen Empedokles und Aristoteles. Nach letzteren entstehen aus dem Urstoff durch besondere Vorgänge die 4 Elemente: Feuer, Wasser, Erde, Luft, womit aber nur die Eigenschaften der Aggregatzustände und Temperaturen gemeint waren. Daraus erklärt sich auch der alchemistische Ausdruck Quintessenz, d. h. etwas als 5. über die 4 Elemente hinausgehendes.

8. Verbindungsgesetze; Atom und Molekel

Die bei den chemischen Umsetzungen angewandten bestimmten Gewichtsverhältnisse bedürfen einer Erklärung, bei welcher wir den „chemischen" Weg zur Entdeckung der Molekeln zurückschauend betrachten müssen. Lange vor dem physikalischen Nachweis durch die „Röntgenphotographie" hat die Chemie das Vorhandensein der Molekeln als notwendig für die Erklärung der chemischen Verbindungsgesetze erkannt, und zwar kurz nach der Erhebung der Chemie zur exakten[1]) Wissenschaft durch die quantitative[2]) Forschung.

1. Bei der Vereinigung von Schwefel mit Eisen „reagieren" immer je 55,85 Gewichtsteile Eisen mit je 32,06 Gewichtsteilen Schwefel[3]). Auf 1 Gewichtsteil Eisen treffen demnach immer 0,573 Gewichtsteile Schwefel.

Auch für alle anderen Vereinigungen und Zersetzungen bestehen entsprechende, nur für diese zutreffende **Gewichts**verhältnisse. Mit anderen Worten: **es entstehen immer Verbindungen von ganz bestimmter, prozentischer Zusammensetzung.** Würden wir Schwefel mit einer viel größeren Menge Eisen zusammen erhitzen als nach obigen Zahlenangaben zu verwenden ist, so würden wir trotzdem nach sorgfältiger Reinigung des Reaktionsproduktes nur **eine** Verbindung bekommen, in der auf 1 Gewichtsteil Eisen 0,573 Gewichtsteile Schwefel treffen. Der Eisenüberschuß bliebe einfach übrig und könnte abgetrennt werden.

Wenn Elemente Verbindungen miteinander eingehen, so findet dies in unveränderlichen, bestimmten Gewichtsverhältnissen statt. (Gesetz der konstanten Proportionen.)

Die Aufstellung dieses uns heute selbstverständlich klingenden Gesetzes durch den Franzosen Proust, Professor der Chemie in Madrid um 1800, war in einer Zeit, in der die Chemie philosophisch überlegend und noch nicht planmäßig experimentierend betrieben wurde, eine große Leistung. Erst von nun an konnten homogene Stoffe Gegenstand der Untersuchung werden. An die Stelle der Stoffsorten registrierenden Beschreibung trat die genaue Ermittlung der Zusammensetzung des reinen Stoffes durch Analyse und Synthese nach sorgfältiger Abtrennung von Fremdstoffen.

Schon vor Proust hatte der deutsche Bergingenieur J. B. Richter die Unveränderlichkeit der Verhältnisse bei Umsetzungen erkannt, ohne Beachtung zu finden. Unter Einbeziehung der chemischen Verbindungen in das Proportionalitätsgesetz würde die Verallgemeinerung lauten: „Chemische Vorgänge vollziehen sich stets in bestimmten Gewichtsverhältnissen der beteiligten Stoffe".

2. Es gibt nun aber in der Natur eine weitere Verbindung des Schwefels mit dem Eisen, den sog. Pyrit, ein Mineral[4]) von messing-

---

[1]) Von lat exactus = (genau) ausgeführt.
[2]) quantus = wie groß? (Durch genaue Wägung, gegenwärtig bis auf $^1/_{1000}$ mg.)
[3]) Es können also Kilogramm, Tonnen, Pfund usw. sein. Nur auf das Gewichts v e r h ä l t n i s kommt es an.
[4]) Mineralien sind in der Natur vorkommende gleichteilige Stoffe, die meistens eine bestimmte Kristallform besitzen. Vgl. S. 10!

gelber Farbe, auch Schwefelkies genannt. Die chemische Analyse zeigt, daß in dieser Verbindung auf ein Gewichtsteil Eisen 1,146 Gewichtsteile Schwefel treffen. Vergleichen wir diese Zahl mit dem oben angeführten Verhältnis von Eisen zu Schwefel, so bemerken wir, daß die Schwefelmenge, die im Pyrit auf ein Gewichtsteil Eisen trifft, gerade d o p p e l t s o g r o ß ist wie im obenerwähnten Schwefeleisen (2 · 0,573 = 1,146). Es ergibt sich also, daß die Schwefelmengen in den beiden Verbindungen, Schwefeleisen und Pyrit im Verhältnis 1 : 2 stehen. Im Pyrit treffen also 55,85 Gewichtsteile Eisen 2 · 32,06 Teile Schwefel. Vgl. Übg. S. 39!

Oder: vom Element Kohlenstoff werden wir 2 Verbindungen kennenlernen: 1 Gewichtsteil Kohlenstoff kann sich mit 1,333 und mit 2,666 Gewichtsteilen Sauerstoff verbinden (s. S. 104 und 108!).

Vergleicht man solche Verbindungen, die stofflich gleich zusammengesetzt sind, aber die Bestandteile in verschiedenem Mengenverhältnis enthalten, so ergeben sich nicht etwa allmähliche Übergänge, sondern stets **ganzzahlige** Verhältnisse, z. B. 1 : 2; 2 : 3; 1 : 3 usw. Diese Gesetzmäßigkeiten bilden den Inhalt des **Gesetzes der multiplen Proportionen** (Dalton, 1802, bzw. 1808)[1]):

Vereinigen sich Elemente in **mehr als einem Gewichtsverhältnis zu verschiedenen Verbindungen,** so stehen **die Gewichtsmengen** des einen Elementes, die mit einer gegebenen Menge des anderen Elementes sich verbinden, in einem **einfachen Zahlenverhältnis** zueinander.

3. Die Gesetze der konstanten und multiplen Proportionen müssen einen t i e f e r e n G r u n d haben. Offenbar hat es mit den 32,06 Gewichtsteilen Schwefel seine besondere Bewandtnis, da niemals weniger als 32,06 g Schwefel auf 55,85 g Eisen treffen, wohl aber die doppelte Menge. Die Verhältnisse 64,12 : 55,85 sowie 32,06 : 55,85 scheinen in ganz b e s o n d e r e r W e i s e zum S c h w e f e l b z w. E i s e n zu gehören. Diese Einsicht wurde von Dalton[1]) in Verbindung mit der Lehre von Philosophen des Altertums gebracht. Demokritos (geb. etwa 460 v. Chr.) lehrte, man käme schließlich zu kleinsten Teilchen, die nicht mehr teilbar seien und die er deshalb **Atome**[2]) nannte. Die bestimmten Gewichtsverhältnisse sind sofort erklärt und als notwendig erkannt, wenn j e d e s E l e m e n t aus nur ihm eigentümlichen A t o m e n v o n g a n z b e s t i m m t e m G e w i c h t besteht. Weil dann das Gewicht einer Grundstoffmenge gleich der Summe der Gewichte der Atome ist, kann die Zahl der Atome eines Elementes dem Körpergewicht proportional gesetzt werden, d. h. die doppelte Gewichtsmenge Schwefel ent-

---

[1]) D a l t o n, ein englischer Chemiker, förderte die Chemie besonders durch Aufstellung der Atomtheorie (1766—1844).
[2]) Gr. átomos = unteilbar.

hält die doppelte Zahl von Atomen. Das bestimmte Gewichtsverhältnis 32,06 : 55,85 läßt sich demnach sehr einfach dadurch erklären, daß wir annehmen, e i n S c h w e f e l a t o m v e r h i e l t e sich s e i n e m G e - w i c h t nach z u e i n e m E i s e n a t o m wie 32,06 : 55,85. Dann verhalten sich *n* Schwefelatome zu *n* Eisenatomen ebenfalls wie 32,06 : 55,85. Dabei müssen wir uns *n* als riesige Zahl vorstellen. Jetzt leuchtet uns auch ein, weshalb bei der Vereinigung von 32,06 g Schwefel mit 55,85 g Eisen nichts übrig bleibt: J e d e s S c h w e f e l a t o m b e k o m m t **sein** E i s e n a t o m ; denn es ist ohne weiteres verständlich, daß von den beiden Grundstoffen g l e i c h v i e l A t o m e v o r h a n d e n s i n d , w e n n d i e G e w i c h t s m e n g e n v o n S c h w e f e l u n d E i s e n s i c h w i e 32,06 : 55,85 v e r h a l t e n .

Somit dürfen wir die Vereinigung von einem Atom Schwefel mit einem Atom Eisen zu einer aus zwei Atomen zusammengesetzten Schwefeleisenmolekel uns folgendermaßen vorstellen:

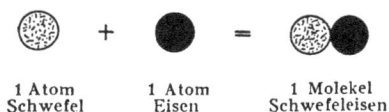

1 Atom   1 Atom   1 Molekel
Schwefel   Eisen   Schwefeleisen

Die den Atomen zugeordneten r e - l a t i v e n G e w i c h t e nennt man A t o m g e w i c h t e. Die Wortbedeutung ähnelt dem spez. Gewicht:

Atomgewicht ist diejenige Zahl, welche angibt, wievielmal schwerer das Atom des betreffenden Elementes ist als das Wasserstoffatom[1]).

Da das **Molekulargewicht gleich der Summe der Atomgewichte** ist, bezieht sich das Molekulargewicht auch auf das Wasserstoffatom als Grundlage. Beide „Gewichte" sind unbenannte Verhältniszahlen.

Als Stoffteilchen besitzen die einzelnen Atome außer ihrem Gewicht eine nur ihrem Elemente zukommende Raumerfüllung (**Atomvolumen**). Bei der Bildung von Mischkristallen und vielen chemischen Vorgängen ist die Raumbeanspruchung nicht belanglos. Die obigen versinnbildlichenden Kreise sollten eigentlich verschiedene Durchmesser haben.

Das absolute Gewicht des einzelnen Atoms, z. B. des Eisens erhält man durch Division von 55,85 durch 6,06 · 10^{23}. Wegen der vielen Nullen zwischen dem Komma und der Zahl ist das Ergebnis unanschaulich. Deswegen unterläßt man die Division und zieht die Benützung der relativen Gewichte vor.

Die obigen Betrachtungen berechtigen uns dazu, die Gleichung statt der Kreise in folgender Weise zu schreiben: 32,06 g Schwefel + 55,85 g Eisen = 87,91 g Schwefeleisen. Diesen benannten Zahlen (so viel g als der Verhältniszahl des Atomgewichts bzw. Molekulargewichts entspricht) kommt eine besondere Bedeutung zu. Wir können nämlich die Anzahl der in diesen Gewichtsmengen enthaltenen Atome angeben. Es ist die L o s c h m i d t - A v o g a d r o sche Zahl 6,06 · 10^{23}. Deshalb hat man auch die besonderen Bezeichnungen Gramm-Molekül oder **Mol** und Gramm-Atom eingeführt. 32,06 g Schwefel = 1 Grammatom Schwefel, 87,91 g Schwefeleisen = 1 Mol Schwefeleisen. Vgl. S. 19! Die dort genannte Gewichtsmenge (58,5 g) Kochsalz ist ein Mol. Auf Grund eines derartigen Ansatzes (Gesetz S. 35) können chemische Rechnungen durchgeführt werden, um „Ausbeuten" zu bestimmen; Beispiel S. 127.

---

[1]) Genau genommen ist die Einheit nicht das Wasserstoffatom selbst, sondern der 16te Teil des Sauerstoffatoms, da man von letzterem mehr Verbindungen kennt als von ersterem. Vgl. Tafel S. 135!

Nachdem wir die Atome kennengelernt haben, können wir dem Grundstoffbegriff eine genauere Fassung geben: **Elemente bestehen aus chemisch gleichartigen Atomen und können durch die gewöhnlichen chemischen Reaktionen weder in andere Stoffe zerlegt werden noch aus anderen Stoffen aufgebaut werden.**

Aus der Beständigkeit der Atome bei chemischen Reaktionen ergibt sich ferner, daß bei der Molekelbildung nicht ein Atom in das andere e i n d r i n g t , oder es gar durchdringt, sondern sie lagern sich eng nebeneinander. Deshalb müssen wir den Atomen e i n e c h e m i s c h e B i n d u n g s k r a f t zuschreiben, die über eine gewisse, allerdings sehr kleine Entfernung hinweg wirkt. Die Anschauungen über die Natur derselben sind noch nicht gesichert und richten sich nach den Vorstellungen über den Bau der Atome.

Wenn man vom Bau der Atome spricht, setzt man voraus, daß es außer Grundstoffen oder Elementen noch Urstoffe gibt, aus denen die Atome der Elemente „aufgebaut" sind. Darauf wird erst II, 150 eingegangen. Dort wird auch gezeigt, daß der Elementbegriff nur für die gewöhnlichen chemischen Reaktionen gilt, deren Energiebereich wir bald kennenlernen werden. Gegen Einwirkungen von millionenfach größerer Energie sind die meisten Atome unbeständig. Kleine Atome von niedrigem Gewicht, die aber Träger solcher Riesenenergien sind, können in andere Atome eindringen oder Stücke der Atommasse herausreißen oder auch selbsttätigen Zerfall unter Aussendung großer Energiemengen (Radioaktivität) hervorrufen. Vgl. auch S. 52!

Die Abschätzung der stofflichen Anziehungskräfte geschieht nicht in Gramm oder Graden, sondern durch die Angabe, **wieviel Atome Wasserstoff das betreffende Atom binden oder in Verbindungen ersetzen kann: Wertigkeit oder Valenz.** Vgl. auch S. 82! In Sauerstoffverbindungen wird je ein Sauerstoffatom, seinem Bindungswert im Wasser zufolge, für je 2 Wasserstoffatome angerechnet.

Die chemischen Bindekräfte der verschiedenen Elemente sind jedoch nicht genaue Vielfache der Bindekraft des Wasserstoffatoms, wie II, 47 bei der Erweiterung der Valenzlehre gezeigt wird. Sie sind auch nicht genau ausgerichtete Einzelkräfte von in sich abgeschlossenem Bereich und konstantem Energiebetrag im Sinne der Aufteilung in Wasserstoffvalenzen. Wie wir S. 79 sehen werden, gibt es vom Schwefel nur die Verbindung mit 2 Wasserstoffatomen. Molekeln mit mehr Wasserstoffatomen sind nicht existenzfähig, obwohl zweifellos das Schwefelatom auch IV- und VI-wertig vorkommt. Daß schon mit 2 Wasserstoffatomen eine abgeschlossene, durch weitere Wasserstoffatome nicht mehr vergrößerungsfähige Molekel sich bildet, hängt mit der gegenseitigen Wirkkraft der Elemente zusammen, der wirklichen, stofflichen Naturkraft, während die Wertigkeit nur die gedanklich ordnende, verallgemeinernde Abstraktion darstellt. Wie die fett gedruckte Worterklärung angibt, ist sie nur eine Z a h l e n beziehung der Atome und nicht gleichzusetzen mit der g e g e n s e i t i g e n stofflichen Wirkkraft zweier Atome, die als A f f i n i t ä t (chemische Verwandtschaft) bezeichnet wird. Ursprünglich glaubte man, daß die Stoffe etwas gemeinsam haben müßten, damit sie sich vereinigen könnten, oder daß verwandtschaftliche Liebe oder Haß die Atome beherrschen. Dann schrieb man ihnen Werkzeuge für die Bindung zu. Newtons Einfluß verwarf diese grobe, mechanische Auslegung und führte auf Kräfte, die über den leeren Zwischenraum hinweg wirken und der Massenanziehung, dem Magnetismus und der statischen Elektrizität zugeschrieben wurden. Die Ausgestaltung der Wärmelehre und die Messung der Geschwindigkeit des Ablaufs der chemischen Vorgänge schufen starke Wandlungen, neuerdings beeinflußt von der Strahlungslehre und der Quantentheorie, sowie den daraus sich ergebenden Vorstellungen über den Atombau, s. II, 148!

Sicher und für die einleitende Betrachtung festzuhalten ist, daß die Temperatur die Festigkeit der Bindung stark beeinflußt. Man darf sich die Molekeln nicht als vollkommen starre, ein für allemal beständige Gebilde denken, welche gegen die eigenen Zusammenstöße infolge der Wärmebewegung der Molekeln unempfindlich sind. Denn es gäbe dann keine Stoffumwandlung, also keine chemischen Vorgänge. Es kann nicht anders sein, als daß die Atome innerhalb der Molekel zwar geringen Schwankungen der äußeren physikalischen Umstände standhalten. Wenn man aber andere Atome als Bestandteile anderer Molekeln mit ihnen in unmittelbare Berührung bringt, so kann die Nachbarschaft der Fremdatome und der von diesen ausgehenden Kräfte stoffliche (= chemische) Änderungen bewirken, in der Weise, daß eine andere, nunmehr beständigere Anordnung der Atome unter Zusammenfassung in neue, von den ursprünglichen verschiedene Molekeln sich herausbildet. Besonders dann, wenn durch Abkühlung die eine soeben vollzogene Umsetzung wieder rückgängig machenden Einflüsse ausgeschaltet werden. Dabei wird das Zustandekommen und Lösen der innermolekularen Bindungen von Energieumsetzungen begleitet. Die Erwärmung von Stoffmengen beschleunigt die Wärmebewegungen der anteiligen Molekeln und damit ihre Wucht, bis schließlich die Zusammenstöße der verschieden schweren Molekeln zu ihrer Zertrümmerung führen und zum Aufbau neuer Molekeln aus den „Trümmern", welche die Zusammenstöße besser aushalten. Da der flüssige, gelöste und gasförmige Aggregatzustand eine so nahe Berührung und Bewegungsfreiheit der Molekeln erst ermöglichen, wird der alte Grundsatz verständlich: corpora non agunt nisi fluida[1]).

Damit die stofflichen, innerhalb der Molekeln den Atomen zugeordneten Wirkkräfte sich freier entfalten können, müssen die Molekeln der Ausgangsstoffe von e i n a n d e r abgelöst werden, was eben durch Erwärmen oder „Lösen" geschehen kann. Im letzteren Falle können die Molekeln eines am Ablauf selbst nicht beteiligten Lösungsmittels wiederum abbremsend wirken. Der Freilegung einer möglichst großen Oberfläche für den Angriff der Fremdatome dient auch das Pulverisieren, welches somit ebenfalls eine physikalisch wichtige Vorbedingung für die Ingangsetzung einer chemischen Reaktion ist. Deshalb gehören auch Mörser und Reibschalen zur chemischen Ausstattung.

Bei den gewöhnlichen stofflichen Veränderungen wird kein Atom vernichtet, sondern nur in andere molekulare Zusammenfügung über-

---

[1]) Die Stoffe wirken nur im fließenden Zustand; vgl. S. 29!

geführt. Die Atome sind in ihrer molekelbildenden Wirkungsweise nur als G a n z e s gegen einander auswechselbar. Stoffliche Teilchen, die andere Atome zerreißen oder ausbauen könnten (II, 152), kommen in freiem Zustand nirgends vor. Die chemischen Vorgänge spielen sich n i c h t i n den Atomen ab, sondern zwischen den Grenzflächen der Atome. Demnach ist das Atom die Einheit für die gewöhnlichen stofflichen Vorgänge.

Bei den S. 33 erwähnten Geschehnissen in den Atomen selbst bleiben die „Trümmer", d. h. Atome von niedrigerem Atomgewicht, nachweisbar. Die Beendigung des 2. Weltkrieges durch den Abwurf von „Atombomben" hat gezeigt, daß beim Zerspringen des sonst Unteilbaren (Atom) Urgewalten vernichtend in Erscheinung treten (II, 155). Aber auch dieser in seinen Auswirkungen ungeheure Vorgang kann in der „Kernchemie" bzw. „Atomphysik" (II, 151) in Form von Gleichungen geschrieben werden, welche das zerspringende schwere Atom und das die Explosion hervorrufende kleine Atom mit den entstehenden Teilstücken (mittelschwere Atome) und der frei werdenden ungeheuren Energie in exakten Zusammenhang bringen.

Durch diese Zurückführung der stofflichen Vorgänge auf das Geschehen zwischen den Atomen (in der gewöhnlichen Chemie) oder in ihnen (in der Kernchemie) ist das **Gesetz von der Erhaltung des Stoffes** ohne weiteres verständlich: **Die Gesamtmasse aller an einem Vorgange beteiligten Stoffe bleibt konstant.**

Durch Arbeiten in einem zugeschmolzenen Glasapparat kann die Gültigkeit bewiesen werden. Das Gewicht wird **vor** und **nach** dem Vorgang (z. B. Zerlegung von Quecksilberoxyd) mit einer Präzisionswaage als unverändert festgestellt. Für die Durchführung eines Vereinigungsvorgangs in einem geschlossenen Raum ist z. B. der beim Photographieren vielfach verwendete „Vaku-Blitz" (Aluminiumfolie + Sauerstoff) geeignet.

Zusammenfassung: Eine **Molekel** ist das kleinste, vom Kraftbereich der Molekularkräfte umgebene, durch mechanische Mittel nicht mehr teilbare, durch chemische Einwirkung jedoch in Atome zerlegbare Teilchen eines Stoffes.

Ein **Atom** ist das kleinste, vom Kraftbereich der chemischen Anziehungskräfte umgebene, weder durch mechanisch-physikalische noch durch chemische Eingriffe weiter zerlegbare Teilchen eines Stoffes.

In der Regel bleiben die einzelnen Atome nicht getrennt erhalten, sondern sie treten unter der Wirkung der chemischen Anziehungskräfte zu Molekeln zusammen. Man kann also zweierlei Molekeln unterscheiden

1. **aus mindestens 2 Atomen desselben Stoffes bestehend: die Molekeln der Elemente;**
2. solche, die **aus 2 oder mehreren Atomen verschiedener Elemente bestehen: die Molekeln der chemischen Verbindungen.**

B e i d e n p h y s i k a l i s c h e n V o r g ä n g e n b l e i b t d i e M o l e k e l u n v e r ä n d e r t e r h a l t e n , b e i d e n c h e m i s c h e n V o r g ä n g e n w i r d d i e Z u s a m m e n s e t z u n g d e r M o l e -

k e l n g e ä n·d e r t , z. B. ein Atom wird herausgenommen oder durch
ein anderes ersetzt oder ein anderes hinzugefügt, was wieder auf die
3 genannten Grundvorgänge zurückführt. (Vgl. S. 28 und 29!)

Es gibt so viel Arten von Molekeln als es verschiedene Stoffe gibt. Sie
unterscheiden sich durch mehr oder minder verwickelte Aneinanderfügung
der Atome, durch ihre Raumerfüllung und durch ihr Molekulargewicht. Die
sog. E d e l g a s e , zu welchen das H e l i u m[1]) gehört, gehen überhaupt keine
Verbindungen ein. Bei ihnen ist Atom = Molekel. An ihrem änderungslosen
Dasein kann man erkennen, daß durch das Vorhandensein der **zwei** Grund-
teilchen, Atom **und** Molekel, erst die Vielfalt der Stoffwelt und des Stoff-
wechsels im Lebewesen ermöglicht wird und daß die molekelbildende Kraft
das Wesen der Chemie ausmacht.

Weitere chemische Grundgesetze, die A v o g a d r o s c h e R e g e l und das
p e r i o d i s c h e S y s t e m , werden II, 42 und 144 behandelt.

9. Das Wesen der chemischen Formeln

Bei unseren Betrachtungen über die stofflichen Vorgänge nahmen
wir S. 32 eine bildliche Darstellung zur Hilfe, um uns die Veränderung
vor Augen zu führen. Wir zeichneten die Atome als Kreise und
brachten die Unterschiede der stofflichen Natur in der Zeichnung zum
Ausdruck. Es ist klar, daß diese nur symbolische D a r s t e l l u n g trotz
ihrer Vorteile recht u m s t ä n d l i c h ist. Wir bedienen uns daher
anderer, allgemein gebräuchlicher Symbole, deren Einführung das Ver-
dienst von Berzelius[2]) ist.

Man k ü r z t nach internationaler Verabredung in einer Formel-
schrift ab[3]), ähnlich wie man sich der Ziffern an Stelle von Zahlwörtern
bedient. In der Regel wird der große lateinische Anfangsbuchstabe
der Apothekerbezeichnung genommen. Beginnen mehrere Elemente
mit demselben Buchstaben, so schreibt man bei den selteneren Elementen einen zweiten Buchstaben (klein) dazu.

Ein Atom Schwefel (Sulfur) bezeichnen wir mit S. Ferner: je 1 Atom
Quecksilber (Hydrargyrum[4])) = Hg, Eisen (Ferrum) = Fe, Sauerstoff
(Oxygenium[5])) = O, Jod (Jodum) = J, Wasserstoff (Hydrogenium[4]))
= H usw.

Molekeln, die aus v e r s c h i e d e n e n Atomen bestehen, werden
einfach durch Aneinanderreihen der Abkürzungen geschrieben. Also
Schwefeleisen, dessen Molekeln aus 1 Atom Schwefel und 1 Atom Eisen
besteht, schreibt man: FeS.

---

[1]) s. S. 43 u. 65!

[2]) B e r z e l i u s (1779—1848), schwedischer Professor der Medizin, Phar-
mazie und Chemie, machte sich besonders verdient durch Erforschung chemischer Verbindungsgesetze und Bestimmung sehr vieler Molekulargewichte.

[3]) Die Formulierungen sind also eine Art S t e n o g r a p h i e , deren Regeln
man lernen und **üben** muß, um sie lesen zu können.

[4]) hydor = Wasser (gr.), gennán = erzeugen, argyros = Silber.

[5]) Gr. oxys = scharf, sauer.

Bei der Entstehung von Schwefeleisen verbindet sich immer je 1 Atom Schwefel mit je 1 Atom Eisen.

Wir können demnach schreiben: Fe + S = FeS.

Man nennt dies eine **chemische Gleichung.** FeS ist die **chemische Formel** für Schwefeleisen.

In Wirklichkeit kann man nicht, wie es aus obiger Gleichung herausgelesen werden könnte, n u r 1 Atom Schwefel auf n u r 1 Atom Eisen einwirken lassen. Die Gleichung soll uns nur sagen, was j e d e s e i n z e l n e A t o m von den Trillionen im vorliegenden Fall tut. Oder, wenn man gemäß den Ausführungen S. 32 je 1 Grammatom Eisen und Schwefel nimmt, vereinigen sich je $6,06 \cdot 10^{23}$ Atome zu einem Mol Schwefeleisen mit $6,06 \cdot 10^{23}$ Einzelmolekeln. Die Gleichung gilt demnach nur für die Anzahl der Atome, bzw. für Grammatom und Mol im Idealfall der verlustfreien Umsetzung (S. 32). Die Formelgleichung wird erst dann vollständig, wenn sie auch die Reaktionsenergie mit einbezieht (S. 53).

Links stehen die Ausgangsstoffe, rechts die Reaktionsprodukte, z. B. HgS + Fe = FeS + Hg ↑ ; HgS = Zinnober. Ausgesprochen lautet diese Gleichung: Eine Molekel Zinnober + 1 Atom Eisen gibt eine Molekel Schwefeleisen + 1 Atom Quecksilber, welches als Dampf entweicht (Pfeil nach oben). Oder: 1 Mol Zinnober + 1 Grammatom Eisen gibt ein Mol Schwefeleisen + 1 Grammatom Quecksilber.

Daß vom Schwefel und von den Metallen in der chemischen Gleichung Atome vorkommen, scheint den Ausführungen S. 35 zu widersprechen. Die Metalle besitzen im festen, kristallisierten Zustand tatsächlich ein e i n a t o m i g e s Gefüge. Vom Schwefel und dem später zu behandelnden Phosphor und vom Kohlenstoff sind mehrere Molekeln bekannt. Ihre Hereinziehung in die chemischen Gleichungen würde dieselben unnötig verwickelt gestalten. Man »formuliert« daher die genannten Elemente als Atome.

Die Zersetzung von Quecksilberoxyd in Quecksilber und Sauerstoff wäre zunächst folgendermaßen zu schreiben: HgO = Hg + O. Da aber der geruchlose Sauerstoff (O_2) entsteht und es vom Sauerstoff noch eine stark riechende Form (O_3 = Ozon) gibt, ist die Gleichung undeutlich und ferner auch deshalb unrichtig, weil Sauerstoff kein Edelgas ist und in der aufgestellten Gleichung (O_1) nur bei sehr hoher Temperatur existenzfähig ist. Die **Indexziffern** rechts neben dem Symbol sind nicht etwa Numerierungen der Sauerstoffarten, sondern g e b e n a n , **wieviel Atome** des gleichen Elementes **in der Molekel** g e b u n d e n sind. O_3 ist also eine Ozonmolekel, bestehend aus 3 S a u e r s t o f f a t o m e n. Die Ziffer 1 läßt man in der Regel weg.

In chemischen Formeln beziehen sich die Indexziffern jeweils auf das **vorhergehende Atomsymbol.** In der Kernchemie werden auch umgekehrt stehende und hochgestellte Indexziffern verwendet, welchen jedoch eine **andere** Bedeutung zukommt (II, 155).

Es muß also auf der rechten Seite O_2 vorkommen. Würde man auf der linken Seite HgO „in" HgO_2 „korrigieren", so wäre dies ein sehr **s c h w e r e r   F e h l e r**. Abgesehen davon, daß es die Verbindung HgO_2 nicht gibt, wäre sie eine andere Molekel, also ein anderer Stoff, den man gar nicht als Ausgangsmaterial hatte. Links steht **n u r   d a s G e g e b e n e**, in unserem Falle HgO = das orangerote Quecksilberoxyd. Damit man 2 Sauerstoffatome zur Verfügung hat, muß man eben 2 Molekeln HgO nehmen, also: $2\,HgO = 2\,Hg + O_2 \uparrow$

Die große Ziffer **vor dem Symbol** bedeutet die **Zahl** der Atome bzw. **der Molekeln**. Erinnert man sich an die Worterklärung für Molekeln, so sieht man ohne weiteres ein, daß es hier so ist wie bei dem algebraïschen Klammerausdruck $2\,(a + b) = 2\,a + 2\,b$. Denn eine stärkere Klammer als den molekularen Zusammenhalt kann man nicht verlangen. Vgl. auch S. 81!

Das Gesetz von der Erhaltung des Stoffes erfordert, daß sowohl auf der linken als auch auf der rechten Seite **gleich viel Atome** in der Gleichung vorkommen. Das chemische Geschehen kommt darin zum Ausdruck, daß diese gleiche Zahl von Atomen auf der rechten Seite **in anderen Molekeln** zusammengeschlossen ist. Die Aufstellung von chemischen Gleichungen ist nicht etwa ein Buchstabenverschiebungsrätsel. Vielmehr sind die Buchstaben Sinnbilder (Symbole) für die Atomindividualität mit Atomgewicht, Atomvolumen, Wertigkeit und Affinität; die Molekelformel ist das geschriebene Bild des betreffenden Stoffes. Die Heranziehung der Wertigkeit zur Beurteilung der Richtigkeit von chemischen Gleichungen wird S. 80 besprochen. Der Ablauf der stofflichen Vorgänge ist also nicht ein mechanischer Platzwechsel, sondern ist von Energieänderungen beherrscht, wofür allgemein zutreffende Richtlinien häufig gegeben werden können (Reaktionstypen).

Die HgO-Zersetzung ist keine einzigartige Reaktion, sondern ein Beispiel für den allgemeinen Reaktionstypus: **Bei höheren Temperaturen zerfallen verwickelt gebaute Molekeln in einfachere und schließlich bei noch höheren Temperaturen diese wieder in die Elemente.** Vgl. S. 27 und S. 33 und ferner die besondere Regel S. 53! Gegenüber der aus ungleichartigen Atomen zusammengesetzten Molekel HgO sind die Elemente O_2 und Hg die einfacheren Stoffe.

Wir wissen, daß die 2-atomige Schwefeleisenmolekel glühbeständig ist. Von dem mindestens[1]) 3-atomigen Pyrit (FeS_2) dürfen wir beim Erhitzen eine Zersetzung erwarten, und zwar nach der Gleichung: $FeS_2 \rightarrow FeS + S$.

Übg.: Das gelbe, wie Gold glänzende Mineral (Härte 6) gibt beim Zerreiben ein schwarzes Pulver. In einem engen Glühröhrchen aus schwer schmelzbarem Glas erhitzt, erhält man an den kalten Rohrteilen einen gelben, festen Beschlag, an den heißen eine bräunliche Flüssigkeit, die beim Erkalten kristallinisch erstarrt.

---

[1]) Die Bauformel auf Grund der Wertigkeiten braucht nicht berücksichtigt zu werden. Vgl. a. S. 80!

E r g e b n i s : Der bei der Zersetzung entstehende Schwefel wird an seiner Farbe und seiner leichten Schmelzbarkeit (bei 114⁰) erkannt. Das enge Rohr läßt, zumal beim Erhitzen, nur wenig Luft zutreten, so daß die Zersetzung praktisch unter Luftabschluß erfolgt. (Vgl. auch S. 80!). Der dunkel gefärbte Rückstand könnte an seinen wesentlichen Eigenschaften als FeS festgestellt werden.

Für hohe Temperaturen enthält Pyrit zu viel Schwefel.

Farbunterschiede durch Zerreiben sind bei Mineralien häufig. Sie werden zur Erkennung benützt. Man erzeugt durch Abstreichen auf einer rauhen „Strichplatte" aus unglasiertem Porzellan eine geringe Menge von Kristallpulver. Vgl. die Unterscheidung von Rot- und Brauneisenerz.

FeS_2 muß sich in den Erzgängen bei verhältnismäßig niedriger Temperatur gebildet haben und kann z. B. in dem vulkanischen Gestein Basalt nicht vorkommen. — Der Versuch bestätigt qualitativ, daß es von Schwefel und Eisen zwei chemische Verbindungen gibt (vgl. S. 31). — Die wiederum erwiesene Glühbeständigkeit von FeS ist auch der Grund für den Reaktionsverlauf unseres Umsetzungsbeispiels auf S. 28.

III. Die Atmosphäre als Ursache chemischer Vorgänge

10. Verbrennungsversuche. Die Luft, ein Gemenge
Zusammensetzung der Luft

1. Übg.: Man stülpt über eine brennende Kerze ein entsprechend großes Becherglas. Die Glaswand beschlägt sich mit Tröpfchen (Wasser). Nach und nach wird die Kerzenflamme kleiner und erlischt schließlich. Vor dem vollständigen Erlöschen kann man sie durch Lüften wieder zum Weiterbrennen bringen.

E r g e b n i s : Die Dauer des Brennens hängt im vorliegenden Falle von der Größe des Becherglases = Größe des abgesperrten Luftvolumens ab. Als ein Verbrennungsprodukt der Kerze tritt Wasser auf, das sich ohne Kondensation an der kalten Wand des Becherglases als unsichtbarer Wasserdampf der Luft beimengt. Daß noch ein zweites gasförmiges Produkt sich bildet, kann man daraus ersehen, daß an einem in die Kerzenflamme gehaltenen Rgl. sich Ruß ansetzt. Nachdem im Becherglas kein Ruß bemerkt wird (wenn es genügend hoch ist), muß der in der Flamme gegebenenfalls auftretende Ruß bei der vollständigen Verbrennung „verschwunden" sein, d. h. in ein farbloses und unsichtbares Gas übergegangen sein, nämlich Kohlendioxyd.

F o l g e r u n g : Zum Verbrennen ist die Anwesenheit von Luft nötig.

Was das Verlöschen verursacht, kann durch diesen Versuch nicht entschieden werden. Es ist zweierlei in Betracht zu ziehen:

1. Das die Verbrennung unterhaltende Gas kann vollständig verbraucht sein.

2. Da das Wasser infolge von Kondensation größtenteils ausscheidet, kann auch die Anhäufung des Kohlendioxyds Erlöschen bewirkt haben (vgl. S. 105!).

Das Weiterbrennen beim Lüften kann die Streitfrage nicht entscheiden, da es sowohl als Zufuhr frischer Luft als auch als Beseitigung „verbrauchter Luft" gedeutet werden kann.

2. Wir müssen demnach eine Vorrichtung wählen, die das abgeschlossene Luftvolumen zu messen gestattet und einen Grundstoff verbrennen, dessen Verbrennungsprodukt nur vorübergehend gasförmig auftritt, sich außerhalb der Flamme rasch verfestigt, deshalb bei der Gasmessung nicht stört und auch nicht am Auslöschen beteiligt ist.

Der Phosphor (Abb. 10) befindet sich in einem Tiegel, welcher auf der schwimmenden Korkscheibe eingelassen ist. Auf der Glasglocke sind 4 Markierungsstriche zur Unterteilung des Glasglockenvolumens in 5 gleichgroße Abschnitte angebracht. Nach Entfernung des Glasstöpsels wird der Phosphor durch Berührung mit einem heißen Draht entzündet, der Stöpsel sofort geschlossen, die Glasglocke gehalten und zum Abmindern der Erwärmung der abgesperrten Luft aus einem bereit gehaltenen großen Becherglase kaltes Wasser darüber gegossen. Trotzdem läßt es sich nur selten vermeiden, daß durch Wärmeausdehnung während des Brennens des Phosphors etwas Luft die Wassersperre „durchbricht". Nach dem Erlöschen des Phosphors wird so viel Wasser zugeschüttet, daß der Stand in der Glasglocke und außerhalb gleich hoch ist.

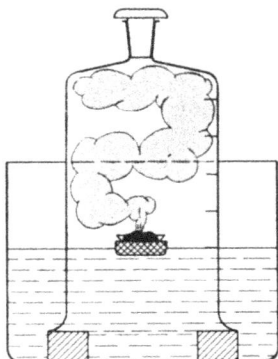

Bild 7.

E r g e b n i s : Nach dem Erlöschen des im Überschuß vorhandenen Phosphors sind $^4/_5$ der Luft übrig. **Es kann sich also beim Verbrennen von Phosphor nicht um die Luft schlechthin handeln, welche sich mit dem Phosphor verbunden hat; denn wie groß wir auch die Menge desselben wählen, stets bleibt ein Luftrest von $^4/_5$ unverbunden.**

Da der Versuch auch ein Phosphorexperiment ist, sind folgende Beobachtungen von Wichtigkeit:

1. Die Entzündungstemperatur des Phosphors ist sehr niedrig. Der Eisendraht braucht nicht glühend sein, sondern nur heißer als 60⁰. Über weißen und roten Phosphor s. S. 90, Selbstentzündlichkeit S. 48!

2. Beim Anbrennen s c h m i l z t der Phosphor, die brennende Flüssigkeit wird umhergeschleudert, wovon die Glasglocke deutliche Spuren trägt.

3. Die Glasglocke ist zunächst von einem dicken weißen Nebel erfüllt. Obwohl das Verbrennungsprodukt des Phosphors sehr leicht in Wasser löslich ist, dauert es doch über eine Stunde, bis der Nebel über dem Sperrwasser vollständig verschwunden ist. **Der Nebel zeigt also nicht mehr die normale Wasserlöslichkeit.** Ja er durchdringt sogar das Sperrwasser mit der unbeabsichtigt entweichenden Luft und reizt stark zum Husten. Vgl. S. 76!

4. Wegen der Brandgefahr muß der überschüssige Phosphor unmittelbar nach dem Vorweisungsversuch vernichtet werden, was am besten durch Verbrennen im Abzuge geschieht. Bei normalen Abmessungen bleiben nur wenige g Phosphor übrig. Trotzdem ist die lodernde und weiße Nebel ausstoßende Flamme sehr eindrucksvoll.

5. Da in der Glasglocke der Phosphor erloschen war, versteht sich von selbst, daß der Überrest der Luft d i e V e r b r e n n u n g n i c h t u n t e r h ä l t. Es ist eigentlich überflüssig, sich durch Einsenken einer Kerzenflamme nochmals davon zu überzeugen. Weil Tiere und auch der Mensch darin ersticken, wird der Luftrest als **Stickstoff** oder Stickgas bezeichnet. Aber andererseits erkennt man, daß ein Phosphorbrand zu löschen ist, indem man den die Verbrennung unterhaltenden Luftanteil am Zuströmen hindert. Dies geschieht am b e s t e n d u r c h **trockenen Sand,** welcher auch den beim Verbrennen verflüssigten Phosphor aufsaugt. Aufgießen von großen Wassermengen erstickt zwar den Phosphorbrand auch, verbreitet jedoch den Phosphor auf eine große Fläche und beseitigt die G e f a h r n i c h t e n d g ü l t i g, e r h ö h t s o g a r d i e B r a n d g e f a h r n a c h d e m V e r d u n s t e n d e s W a s s e r s. Beim Experimentieren mit P ist deshalb größte Vorsicht geboten (vgl. S. 93!). Für verstreute Phosphorreste ist eine sorgfältige Überwachung erforderlich, am besten im Dunkeln, weil sich auch Spuren durch grünliches Leuchten verraten.

Für die genaue Bestimmung des die Verbrennung unterhaltenden Luftanteils ist eine besondere Apparatur notwendig II, 61. Sie ergibt 20,8 = ungefähr 21 Volumenprozent.

3. Verbrennungsversuche an Metallen: Übg.: Blankes Kupferblech wird in der Spitze der Bunsenflamme erhitzt (Zange). Es zeigt nach dem Herausnehmen und Erkalten eine abblätternde, p u l v e r i - s i e r b a r e schwarze Schicht. Unter derselben ist das Blech noch blankes Kupfer und g e s c h m e i d i g.

E r g e b n i s : Da ein Luftbestandteil aufgenommen wird, muß er von außen an den verbrennenden Stoff gelangen. Ist nun das Verbrennungsprodukt kein Gas, sondern wie hier ein fester Stoff, so setzt sich dieser außen am verbrennenden Stoffe an. Während ein gasförmiges Produkt immer automatisch entfernt wird (abströmt) z. B. bei der brennenden Kerze, bleibt die feste Kruste und schützt das darunterliegende Kupfer vor weiterer Verbrennung. (Gleichung s. S. 50!)

Zinkspäne verbrennen mit einer grünblauen Flamme zu einem in der Hitze gelben, in der Kälte weißen, erdig aussehenden Stoff. Die **Flamme** rührt davon her, daß Zink während des Verbrennens schmilzt und zum Teil in den gasförmigen Zustand übergeht und so einen **infolge der hohen Verbrennungstemperatur an der Berührungsstelle mit der Luft glühenden und leuchtenden Gasstrom bildet.** (Gleichung S. 50.)

Während die Metalle geschmeidig oder dehnbar sind, kann man die Verbrennungsprodukte leicht zerreiben. Manchmal entstehen sie sofort als lockere Massen, die man früher als „Aschen" bezeichnete („Quecksilberasche", „Magnesiumasche"). Oder man nannte die Veränderung „Verkalken" (z. B. das Rosten). Da die Metalle dabei ihre besonderen Eigenschaften[1]) einbüßen, glaubte man, daß etwas für den metallischen

---

[1]) s. S. 11!

Zustand Wesentliches e n t w e i c h e. Diese für die Entwicklung der Chemie bedeutungsvolle sog. Phlogistontheorie[1]) wurde am Ende des 18. Jahrhunderts von dem französischen Chemiker Lavoisier in einem öffentlich vorgeführten Schauversuch mit Quecksilberoxyd widerlegt. Als Beweis, daß bei „Verkalkungen" ein Stoff a u s d e r L u f t d a z u - k o m m t, ist folgender Versuch leicht durchführbar:

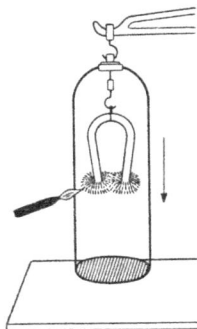

Auf der abgebildeten Waage (Bild 8) ist der Magnet mit dem an ihm hängenden Eisenpulver zunächst im Gleichgewicht. Man bestreicht nun das Eisenpulver mit der Flamme und bläst mit Hilfe einer Fahrradpumpe Luft zu. Nach dem Temperaturausgleich sinkt die Waagschale mit dem Magneten. Aus der Gewichtszunahme kann man durch Auswiegen die Menge des zum Eisen gekommenen Luftbestandteils bestimmen. Das Verbrennungsprodukt des Eisens läßt sich nun vom Magneten abstreifen, da seine magnetischen Eigenschaften verändert sind. (Gleichung S. 50.)

Bild 8.

Bei der Vereinigung $Fe + S = FeS$ haben wir den Schwefel selbst zugemischt. Aber auch die V e r b r e n - n u n g des Eisens ist eine V e r e i n i g u n g. Der sich vereinigende Stoff ist auch vorhanden, nur sehen wir ihn nicht, da er ein unsichtbares Gas ist. Deshalb erinnern derartige Versuche an Zauberei. Während es sich bei Zaubervorführungen um gewollte Täuschungen handelt, dadurch, daß man dem Zuschauer die dazukommenden Stoffe verbirgt, besteht die chemische „Zauberei" darin, daß gasförmige (also unsichtbare) Stoffe entstehen oder in den Vorgang eintreten.

4. I s t n u n d i e L u f t e i n G e m e n g e o d e r · i s t s i e e i n e c h e m i s c h e V e r b i n d u n g, a u s w e l c h e r d i e v e r b r e n - n e n d e n S t o f f e d e n B e s t a n d t e i l, m i t d e m s i e s i c h v e r b i n d e n, h e r a u s l ö s e n?

In einem Gemenge, also auch in einem homogenen Gasgemenge, müssen die wesentlichen Eigenschaften der Bestandteile erhalten sein, zu welchen der Siedepunkt und die Löslichkeit gehört.

1. Es ist allgemein bekannt, daß man f l ü s s i g e Luft herstellen kann. Diese müßte einen b e s t i m m t e n, hier allerdings weit unter dem Nullpunkt liegenden Siedepunkt besitzen, wenn Luft eine Verbindung wäre. Der Siedepunkt s t e i g t a b e r a l l m ä h l i c h v o n — 195⁰ auf — 183⁰. Die „s i e d e n d e" f l ü s s i g e L u f t v e r h ä l t s i c h a l s o w i e e i n G e m e n g e v o n 2 v e r s c h i e d e n e n F l ü s s i g k e i t e n. Der tief siedende Anteil (bei — 195,8⁰) zeigt die Eigenschaft des Gasrestes in der Glocke von Versuch (2): Auslöschen einer Kerze: **Stickstoff.** Der „hoch"-siedende (bei — 183,5⁰) zeigt die

---

[1]) Gr. phlogistos = verbrannt.

Eigenschaften des bei der Quecksilberoxydzerlegung erhaltenen Gases:
Entflammung eines glimmenden Spanes: **Sauerstoff.**

2. In einem *l* Wasser lösen sich etwa 28 ccm Luft. Praktisch enthält
alles Regenwasser, Flußwasser usw. gelöste Luft. Dabei können wir
in der homogenen Lösung die Luft genau so wenig sehen wie den in
Wasser gelösten Zucker. (Vgl. S. 14 u. 22!) Während die Löslichkeit von
festen Stoffen mit steigender Temperatur zunimmt, ist bei Gasen das
Umgekehrte der Fall. Aus siedendem Wasser wird die Luft vollständig
ausgetrieben. Wenn man nun solche „Wasserluft" in geeigneter Weise
auffängt und wie im Versuch S. 40 oder II, 61 untersucht, erhält man als
Verhältnis der beiden Gase in der Wasserluft nicht 21 : 79, sondern
35 : 65. Bei einer chemischen Verbindung ist aber eine derartige Verschiebung der Zusammensetzung nur durch Lösen in Wasser unmöglich. Die Luft hat sich also beim Lösen in Wasser so
verhalten, wie wenn man die beiden reinen Gase
nacheinander in Wasser eingeleitet hätte.

3. Die prozentische Zusammensetzung der Luft
widerspricht dem Grundgesetz der multiplen Proportionen. Abgesehen davon, daß die für eine Verbindung anzu-
nehmende Molekel den Wertigkeitsregeln widerspricht, müßte eine
Verbindung 22,21 Gewichts-%Sauerstoff enthalten. Die Luft enthält
aber 23,15 Gewichts-%Sauerstoff.

Zur Umrechnung der Volumen- in Gewichtsprozente: Das Verhältnis der
spezifischen Gewichte der beiden Gase = 8 (Sauerstoff) : 7 (Stickstoff).

4. Entsprechend der Worterklärung für Gemenge kann man die
reinen Gase in beliebigen Verhältnissen ohne Energieänderung zusammenmischen. Das Volumenverhältnis 21 :79 zeigt alle Eigenschaften der
atmosphärischen Luft.

Im Kreislaufgerät (II, 8; Bild 2) wird durch derartiges Zusammenmischen
von unverbrauchtem Stickstoff mit frischem Sauerstoff Atemluft hergestellt.

Wir dürfen sogar sehr froh sein, daß das Gemenge Luft nicht dazu neigt,
in eine chemische Verbindung überzugehen, daß also die Luft nicht „verbrennt", wenn der Blitz sie „anzündet" (s. S. 83!).

Die Verschiebung des Verhältnisses der beiden Gase in der wäßrigen Lösung ist für die Wassertiere von großer Bedeutung.

Die Zusammensetzung der Luft: Der bei Verbrennungen wirkende
Anteil führt den Namen **Sauerstoff** und ist ein Element. Sauerstoff
ist in der Luft zu rund 21 (Volumen-)Prozent ent-
halten. Der andere Bestandteil der Luft, der beim Herausnehmen
des Sauerstoffs übrigbleibt[1]), und von dem wir schon wissen, daß er
die Verbrennung nicht unterhalten kann, führt den Namen **Stickstoff**
und ist auch ein Element. Außer den beiden Hauptgasen enthält die

---

[1]) Der die Verbrennung nicht unterhaltende Luftanteil ist jedoch nicht
vollkommen reiner Stickstoff, sondern enthält noch zu einem geringen
Betrage (etwa 1%) Edelgase, auf welche erst II, 64 eingegangen wird.

Luft noch 0,03⁰/₀ K o h l e n d i o x y d oder, wie man es — nicht ganz richtig — oft benennt, die **Kohlensäure**. Trotz des scheinbar verschwindenden Hundertsatzes ist es Teilnehmer eines lebensnotwendigen stofflichen Kreislaufes; s. S. 104 u. 112!

Von den Witterungserscheinungen her wissen wir, daß die Luft wechselnde Mengen von W a s s e r d a m p f enthält, und daß die Feuchtigkeit der Luft von äußeren Verhältnissen, von der Temperatur, von der Nähe von Wasserflächen usw. beeinflußt wird. In der sog. Stratosphäre, die in etwa 12 km Höhe beginnt, ist wegen der dort herrschenden, niedrigen Temperatur kein Wasserdampf mehr enthalten. Die Witterungserscheinungen (Strömungsausgleich der Luft-„körper" von verschiedenem Feuchtigkeitsgehalt und verschiedener Temperatur) vollziehen sich in der über dem Erdboden bis zu etwa 12 km Höhe liegenden Troposphäre, s. die Bildtafel!

Jeder, der einen Sonnenstrahl von der Seite beobachtet, welcher in ein halbdunkles Zimmer einfällt, kann erkennen, daß ungezählte Stäubchen zu den Bestandteilen der Luft gehören. Diese Teilchen sind

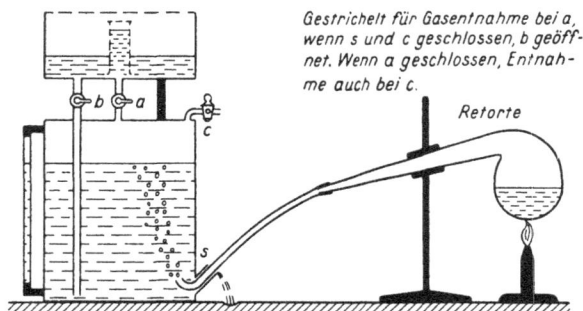

Gestrichelt für Gasentnahme bei a, wenn s und c geschlossen, b geöffnet. Wenn a geschlossen, Entnahme auch bei c.

Retorte

Bild 9.

sehr verschiedener Herkunft. Sie bestehen aus winzigen Gesteins- und Holzsplittern, aus Pollenkörnern der Pflanzen, aus Spaltpilzen usw. Durch eine dicke Schicht Watte filtriert, ist die Luft staubfrei.

In einigen km Entfernung von der Erdoberfläche ist die Luft überhaupt staubfrei, wenn man von aus dem Weltraum eindringenden, kosmischem Staub absieht, dessen Gesamtmenge aber bei der Größe des Erdenraumes nicht unbeträchtlich ist. In Höhen, aus denen das Nordlicht zu uns kommt, besteht die Luft aus reinem Stickstoff. Der Grund für die Unveränderlichkeit ihrer Zusammensetzung in der Nähe der Erdoberfläche wird später erörtert werden. Das Gewicht des gesamten Luftmantels beträgt etwa 1 kg auf 1 qcm.

11. Sauerstoffdarstellung aus Kaliumchlorat; Katalyse

Die technische Darstellung von Sauerstoff geht hauptsächlich von der flüssigen Luft aus. Der Verkauf erfolgt in Stahlflaschen bei 150 und mehr at Druck. Eine alte, aber immer noch gebräuchliche Form der Darstellung im Laboratorium aus Kaliumchlorat bei Gegenwart von Braunstein sowie das Auffangen von Gasen zeigt Bild 9. Da sich in allen „leeren" Gefäßen Luft befindet, wird diese zunächst durch Wasser verdrängt.

Der entweichende Sauerstoff wird in den mit Wasser gefüllten Zylinder geleitet, der umgedreht in einer Blech- oder einer Glaswanne steht, die auch mit Wasser gefüllt ist, wie Bild 9 gestrichelt andeutet. Der hinüber „perlende" Sauerstoff verdrängt das Wasser, und wir haben bald den Zylinder voll Sauerstoff. Die dabei sich abspielenden Vorgänge erklärt folgender Versuch:

Übg.: Kaliumchlorat, ein kristallisierter weißer[1]) Stoff, schmilzt beim Erhitzen in einem Rgl. zu einer leicht beweglichen, wasserhellen Flüssigkeit, aus der feine Gasblasen aufsteigen (milchige Trübung). Beim Erhitzen auf höhere Temperatur bewirkt die heftig werdende Gasausscheidung Schäumen. Das farblose und geruchlose Gas wird am Entflammen eines glimmenden Holzspans als Sauerstoff erkannt.

Läßt man bis zur trägen Gasentwicklung abkühlen und wirft man eine Messerspitze voll Braunsteinpulver hinein, so erhält man unter zischendem Geräusch eine noch heftigere Entwicklung von Sauerstoff als vorher bei hoher Temperatur. Nach dem vollständigen Erkalten ist das Braunsteinpulver noch unverändert erkennbar.

Um die erstarrte Schmelze rasch aus dem Rgl. zu entfernen, machen wir Gebrauch von den Erfahrungen bei Abb. 6 b. Wir stellen das mit Wasser voll aufgefüllte Rgl. verkehrt in ein mit Wasser gefülltes Becherglas.

E r g e b n i s : Der chemische Vorgang: **Abspaltung** von Sauerstoff **durch Einwirkung von Hitze,** ist ein Beispiel für eine **thermische Zersetzung,** welche bei Steigerung der Temperatur lebhafter erfolgt, durch Zugabe von besonderen Stoffen aber auch bei niedriger Temperatur in Gang gebracht werden kann.

E r k l ä r u n g : Bringt ein Stoff einen Vorgang bei niedrigerer Temperatur zustande oder vermag er einen trägen Ablauf lebhaft zu gestalten, ohne daß der Stoff selbst eine dauernde Veränderung erleidet, so nennt man ihn einen **Katalysator**[2]). Die katalytische Wirkung kann mit der des Maschinenöls verglichen werden, welches den Reibungswiderstand wegnimmt. **Bei der Katalyse werden chemische Widerstände beseitigt.** — Für den Katalysator sind keine bestimmten, aus chemischen Gleichungen ablesbaren Gewichtsverhältnisse erforderlich.

Demgemäß erscheint bei der Formulierung der Braunstein nicht in der Gleichung: $2 KClO_3 \xrightarrow{\text{erhitzt}} 2 KCl + 3 O_2 \uparrow$ in Worten: 2 Molekeln Kaliumchlorat liefern beim Erhitzen 2 Molekeln Kaliumchlorid und 3 Molekeln Sauerstoff. Einschlägiger Reaktionstypus s. S. 38.

Merke: Endung a-te bezeichnet eine sauerstoffreiche Verbindung aus mindestens 3 verschiedenen Elementen. Endung i-de oder ypsilon-de eine Verbindung aus 2 verschiedenen Elementen, z. B. -chlorid, -oxyd oder Kalziumkarbid, welches von der Karbidlampe her bekannt ist.

Auf Grund der Ausführungen auf S. 29 kann man sich von der Wirkungsweise der Katalysatoren folgende Vorstellung machen: Die Umlage-

---

[1]) Weiß ist keine Farbe im objektiven Sinne. Die Farbenempfindung weiß bedeutet, daß viele farblose kleine Körperchen, hier Kriställchen, vorliegen.
[2]) Gr. katalyein = ablösen; sinnverwandt Reglerstoff, Beschleuniger.

rung der Ausgangsmolekeln in die neuen Molekeln findet nicht im Gewirr dieser Molekeln selbst, sondern an der Oberfläche des Katalysators statt, welcher entweder für diese Umlagerung andere, physikalisch besonders günstige Bedingungen schafft oder selbst an der Reaktion teilnimmt und sofort wieder unverändert zurückgebildet wird, was auf Einschaltung von reaktionsfremden, sich wieder ablösenden Gliedern in die beabsichtigte Reaktion hinausläuft.Die Katalyse ist ein Anzeichen dafür, daß die molekelbildende chemische Wirkkraft (Affinität) auch von äußeren Umständen abhängig ist, abgesehen von der herrschenden Temperatur. Die dadurch mögliche Reaktionslenkung wurde in den letzten Jahren von der Technik besonders ausgebaut und besitzt eine ungemein große Bedeutung (vgl. Benzinsynthese!).

Die Entflammung des glimmenden Holzspans durch reinen Sauerstoff ist keine Katalyse, sondern eine Umsetzung. Unterscheide auch Glimmen und Glühen! Letzteres ist ein physikalischer, ersteres ein chemischer Vorgang. Das elektrische Licht (der Metallfaden der Lampe) „brennt" nicht, sondern glüh t.

Besonders muß darauf hingewiesen werden, daß K a l i u m c h l o - r a t ein s e h r g e f ä h r l i c h e r S t o f f ist. Verwechslungen können zu schweren Unfällen führen. Das zeigt folgender Versuch:

Übg.: S e h r kleine Mengen von Schwefel und Kaliumchlorat, etwa 0,1 g, werden in einer Reibschale mit dem Pistill unter kräftigem Drucke verrieben. Mit heftigem Knall vereinigt sich der aus dem Kaliumchlorat abgegebene Sauerstoff mit dem Schwefel, was am Auftreten des Geruches nach Schwefeldioxyd[1]) erkannt werden kann. Vereinfachte Formulierung der Umsetzung: $2 KClO_3 + 3 S = 3 SO_2 + 2 KCl$. Vgl. damit die Zersetzungsgleichung und die Ausführungen S. 28!

Merke: Alle Gemische von verbrennlichen Stoffen mit Kaliumchlorat können zur Explosion (Zerknallung) gebracht werden.

Der Versuch hat Bedeutung für das Anbrennen von Zündhölzern, in deren „Kopf" Kaliumchlorat mit Schwefelantimon[2]) zusammengeleimt ist. Abgekratzte Zündholzköpfe explodieren beim Verreiben.

Die Technik der Chloratsprengstoffe wurde besonders in der Schweiz entwickelt. Sie besitzen eine vielmals heftigere Wirkung als das ihnen nahestehende Schwarzpulver, ein Gemenge von Schwefel, Holzkohle und einem ebenfalls sauerstoffreichen Stoff, dem Kaliumsalpeter. Dieses wird nicht nur als Sprengstoff, sondern auch als T r e i b s t o f f f ü r G e s c h o s s e seit Jahrhunderten verwendet. Derartige Gemenge und viele andere Sprengstoffe machen scheinbar eine Ausnahme von der Regel S. 34. Aber auch hier muß durch eine Erschütterung die Explosion eingeleitet werden. Die Stelle der Initialzündung (Einleitungszündung) vertritt bei unserem Versuche das Reiben mit dem Pistill. In der zerstörenden Wirkung haben wir einen Beweis für die Härte der kleinsten Teilchen auch bei Gasen, welche die zerschlagenden „Hämmer" zur Sprengung der Kohäsion sind, angetrieben durch die gewaltige Hitze bei der plötzlichen Verwandlung in Gas (vgl. S. 19!). Dabei ist es nicht gleichgültig, wie schwer die zahllosen Hämmerchen sind. Anwesenheit von Pb, Ag, J, auch schon von K in der Molekel erhöht die „Brisanz".

---

[1]) s. S. 74!
[2]) Eine Schwefelverbindung des Elementes Antimon; s. S. 73!

12. Verbrennungen in reinem Sauerstoff, Entzündungstemperatur.

Nachdem ein an der Luft glimmender Holzspan in reinem Sauerstoff aufflammt, dürfen wir in reinem Sauerstoff ein besonders eindrucksvolles „Feuer" erwarten, d. h. **chemische Reaktion unter** plötzlicher **Wärme- und Lichtentwicklung.**

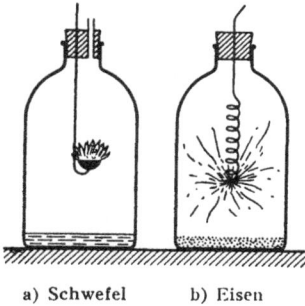

a) Schwefel   b) Eisen

Bild 10.

1. Auf einem eisernen Löffelchen entzünden wir etwas S c h w e f e l (Bild 10 a). Die entstandene Flamme leuchtet nur schwach blau. Bringen wir sie aber in das mit Sauerstoff gefüllte Standglas, so wird die Flamme hell und groß. (Gleichung S. 50; vgl. auch S. 66 u. 74!)

2. Brennender P h o s p h o r, der in der Luft mit gelblicher Flamme leuchtet, brennt in reinem Sauerstoff mit grell-weißer, stark blendender Flamme; Gleichung S. 50.

3. Auch kompaktes Eisen kann man im Sauerstoff verbrennen (Bild 10b). Meist benützt man eine alte Uhrfeder, an der man ein Stück Zunder befestigt, zu diesem Versuch. Zunächst brennt der Zunder. Dieser erhitzt das Eisen so stark, daß es nun unter Funkensprühen verbrennt. Wir können zwei verschiedene Verbrennungsprodukte erkennen, ein r o t b r a u n e s, an die Glaswand geschleudertes und ein zu einer Kugel an der Feder zusammengeschmolzenes s c h w a r z e s, worauf wir S. 80 u. 127 zurückkommen. (Gleichungen S. 50!) Beide sind feste Stoffe. Steigt z. B. im reinen Sauerstoff die Verbrennungstemperatur sehr hoch, so können feste Verbrennungsprodukte zum Schmelzen kommen. Sie tropfen ab oder sie werden abgeschleudert wie hier, da im Stahl etwas gasförmig verbrennender Kohlenstoff vorhanden ist. In entsprechender Weise ist das Spritzen des brennenden Phosphors S. 40 zu deuten.

Der „Hammerschlag", der sich von lange geschmiedetem Eisen ablöst, ist der gleiche Stoff wie das durch Verbrennung von Eisen in reinem Sauerstoff entstehende schwarze Verbrennungsprodukt.

E r g e b n i s : In reinem Sauerstoff gehen alle Verbrennungsvorgänge viel schneller und lebhafter vor sich, da die Luftstickstoffmolekeln fehlen. Diese nehmen am chemischen Vorgang n i c h t teil, werden aber auf die Verbrennungstemperatur mit erwärmt und setzen durch diesen Wärmeabfluß auf unbeteiligte Stoffe die Temperatur und damit die Schnelligkeit der Verbrennung herab, was auf eine ungewollte und bei Luftzutritt unvermeidliche „Kühlung" hinaus läuft. Die entstehenden Oxyde sind aber dieselben, gleichgültig, ob der Stoff in Luft oder in reinem Sauerstoff verbrennt. Wir können daraus schließen, daß das **Wesen einer Verbrennung in der Vereinigung eines Stoffes mit Sauerstoff** besteht.

Zur E i n l e i t u n g e i n e r V e r b r e n n u n g ist allerdings nötig, daß der zu verbrennende Stoff auf eine gewisse Temperatur gebracht wird. Diese Temperatur nennt man die **Entzündungstemperatur.** Sie liegt je nach den Stoffen verschieden hoch. Phosphor brennt schon, wenn man ihn mit einem heißen Glasstab berührt (vgl. S. 40!); bei der Entzündung des Eisens ist eine viel höhere Temperatur nötig, die nur in reinem Sauerstoff erreicht wird.

Für diesen Fall ist die Anordnung der Abb. 10 b nicht erforderlich. Es genügt, auf gelbglühendes Eisen reinen Sauerstoff zu blasen, wie dies beim „Durchschneiden" von Eisenplatten oder „Lochen" von Eisenröhren in der Technik vielfach durchgeführt wird. (Vgl. S. 64!)

Besonders eindrucksvoll ist folgender Versuch: Man erhitzt die Spitze eines Glasstabes zum Glühen, läßt soweit abkühlen, bis keine Spur von Lichtaussendung mehr bemerkbar ist und hält den heißen Teil in etwa 10 cm Entfernung über eine Porzellanschale, auf deren Boden sich eine kleine Menge Schwefelkohlenstoff befindet. Die Entzündung der Schwefelkohlenstoffdämpfe kann solange wiederholt werden, bis sich der Glasstab unter 232° (Entzündungstemperatur des Schwefelkohlenstoffs) abgekühlt hat (Auslöschen durch Zudecken mit einer Glasplatte, Aufstellung der Porzellanschale von Flammen m ö g l i c h s t w e i t entfernt).

Ein Streichholz brennt besser, wenn wir es schief halten, weil die anfangs kleine Flamme das übrige Holz auf die Entzündungstemperatur erhitzt. Zum Feuermachen im Ofen verwenden wir dünne Holzspäne. Je mehr man nämlich ein zu verbrennendes Scheit Holz spaltet, desto mehr vergrößert man dessen Oberfläche, und um so mehr Sauerstoff steht jedem Teil zur Verfügung. Verbrennbare Stoffe in staubfeiner Verteilung sind oft explosiv. Kohlenstaub (in Bergwerken) oder Mehlstaub (in Mühlen) können durch eine offene Flamme zur Entzündung gebracht werden und haben schon furchtbares Unheil angerichtet.

Fein verteilte Metalle, z. B. Eisenpulver, Zinkstaub, Aluminiumpulver (-bronze) verbrennen beim Einstreuen in Bunsenflammen mit glänzenden Funken. Nach diesen Versuchen sind die Brenner zu reinigen (S. 51!).

Findet bei s e h r f e i n v e r t e i l t e n S t o f f e n (Baumwolle, mit Terpentinöl getränkte Putzwolle, durch den Heubazillus vergorenes [feuchtes] Heu) durch einen raschen Luftstrom die Entzündung unter 100° statt, so spricht man von Selbstentzündung. Vgl. S. 90!

Die Vereinigung mit Sauerstoff ohne Flamme bzw. ohne Glüherscheinung scheint ein Widerspruch zu der Entzündungstemperatur zu sein. Aber gerade die starke B e s c h l e u n i g u n g der Verbrennung durch den reinen Sauerstoff deckt die T e m p e r a t u r a b h ä n g i g k e i t der chemischen Ablaufsgeschwindigkeit auf. (Vgl. auch S. 29!) Wir werden bei vielen Übg. immer wieder erwärmen, um einen schnellen Ablauf herbeizuführen. Wenn wir ferner in Betracht ziehen, daß die Vergrößerung der Oberfläche das »Anbrennen« fördert, und daran denken, daß auch die Anwesenheit anderer Stoffe einen Vorgang begünstigen kann, so dürfen wir die Möglichkeit nicht verneinen, daß auch bei niedriger Temperatur, allerdings sehr langsam und unscheinbar, eine Ver-

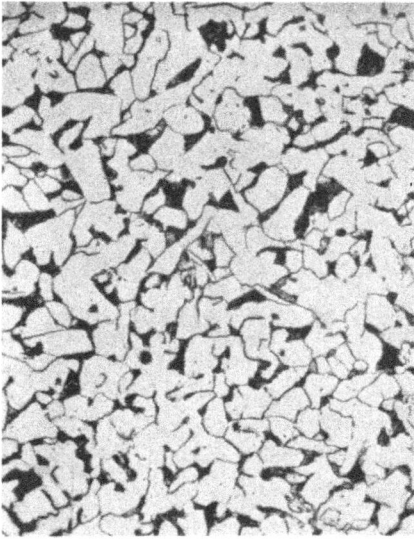

1a

2

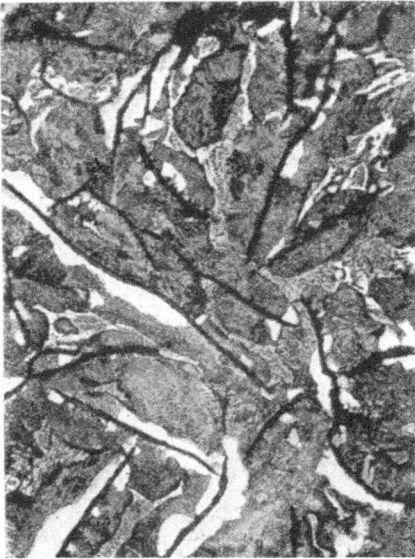

1b

3

1. Gefügebilder
a) Stahl   b) Gußeisen

2. Quarzgruppe auf Granit
3. Bleiglanz

AUFBAU DER LUFTHÜLLE

TEMPE RATUR °	HÖHE IN km	LUFT DRUCK mb

GRENZE DER ATMOSPHÄRE

$-273°$ 10 00

800

600

SONNEN STRAHLEN   POLARLICHTER

400

A · 8 000 000 ELEKTRONEN JE cm³ $+500°$ 300   F₂ SCHICHT APPLETON - SCHICHT

TRENNUNG WÄHREND DES TAGES

200   1 000 000 ELEKTRONEN JE cm³   F₁ SCHICHT

STERN SCHNUPPEN $+70°$ POLARLICHTER

RAKETEN VERSUCHE   100   E SCHICHT HEAVISIDE SCHICHT 600 000 ELEKTRONEN JE cm³

SPERR — SCHICHT $-70°$ 80   LEUCHTENDE NACHTWOLKEN

$+50°$ 50

36 km REGISTRIER BALLON   20   58 mb OZON — SCHICHT TEILWEISE ABSCHIRMUNG GEGEN ULTRAVIOLETT STRAHLUNG

RADIO SONDEN   EXPLORER II

22,5 km $-55°$ 10   265 mb

15,8 km PICCARD

HIMALAYA $+15°$ 0   1000 mb   ZUGSPITZE

ERDKRUSTE

IONOSPHÄRE

STRATOSPHÄRE

TROPOSPHÄRE

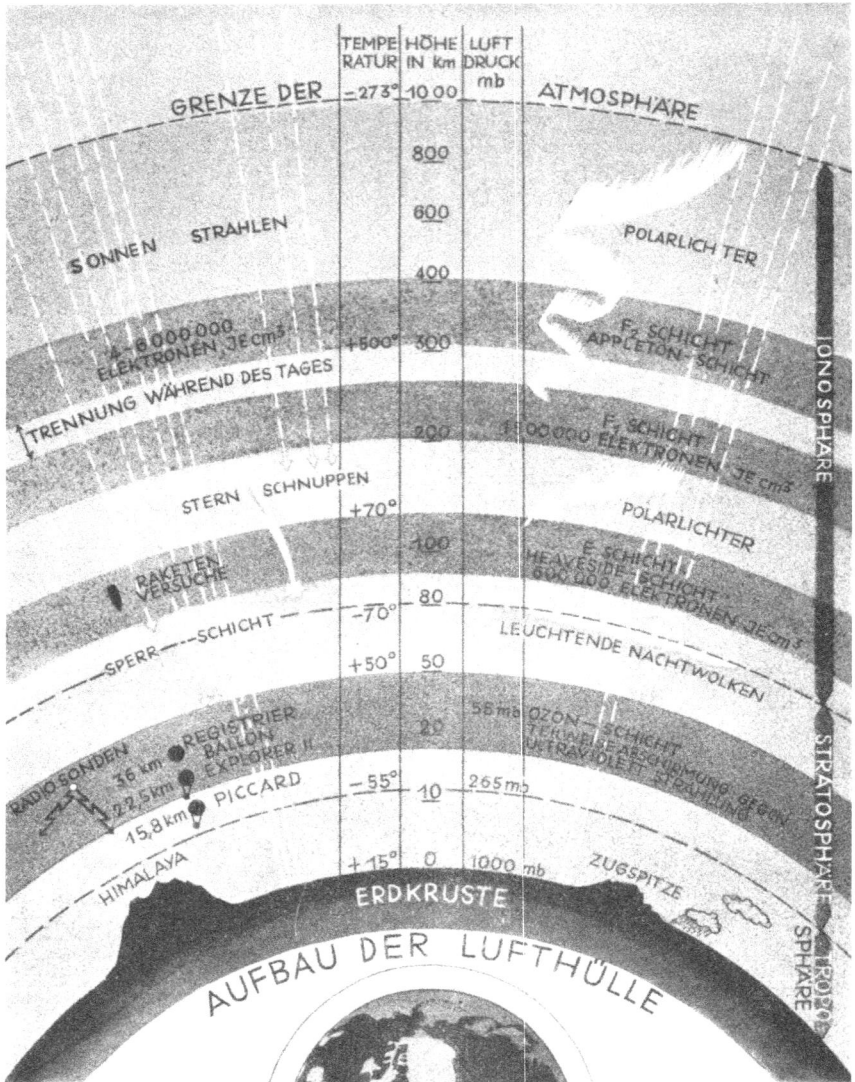

DIE HÖHE DER ATMOSPHÄRE IM VERHÄLTNIS   ZUM DURCHMES-SER DER ERD-KUGEL = 1 : 13

einigung mit Sauerstoff stattfinden kann. Das **Rosten** von Eisen z. B. ist ein solcher Fall.

Den Sauerstoffverbrauch kann man nachweisen, indem man in ein innen feuchtes Probegläschen feuchtes Eisenpulver bringt und das Ganze einige Wochen verkehrt in eine Schale mit Wasser stellt. Während das Eisen rostet, steigt das Wasser immer höher, bis es $1/5$ des Probegläschens einnimmt (vgl. S. 40 und 127!).

Einer bei Zimmertemperatur augenblicklich verlaufenden Oxydation durch den Luftsauerstoff unterliegt das Stick(stoffmon)oxyd: $2 NO + O_2 \rightarrow NO_2$ unter Bildung von braunem NO_2, Stick(stoff)dioxyd (S. 88).

Rost ist demnach eine Verbindung von Eisen mit Sauerstoff und Wasser, die beim Liegen des Eisens an feuchter Luft entsteht. Die Gewichtsverhältnisse, in denen Sauerstoff und Eisen im Rost vorkommen, sind allerdings andere als in den durch „Verbrennen" von Eisen hergestellten Verbindungen, weil das Wasser mitbeteiligt ist. Mit dem Rosten ist zwar auch die Entwicklung von Wärme verbunden, aber der Vorgang findet so langsam statt, daß wir sie nicht ohne weiteres bemerken. (Vgl. auch S. 129!)

Während bei Kupfer (S. 41 und auch bei Zink und Aluminium unter der langsamen Einwirkung des Luftsauerstoffs fest haftende „Häute" entstehen, die das darunter liegende Metall vor weiterer Einwirkung schützen, bildet der Rost eine lockere, luftdurchlässige und Wasserdampf zurückhaltende Masse, so daß größere Eisenstücke allmählich „angefressen" werden. Der für einen Werkstoff höchst ungünstige Vorgang des Rostens richtet ungeheuren Schaden an. Der Verlust durch Rost wird im Laufe eines Zeitraumes von 30 Jahren auf ungefähr 40% der gesamten Eisenerzeugung geschätzt. Die deutsche Eisenbahnverwaltung gibt alljährlich viele Millionen für die Rostbekämpfung aus. Vgl. S. 127, Schrott!

Die allgemeine Bezeichnung für derartige Schutzmaßnahmen ist Korrosionsschutz. Da aus technischen Gründen und wegen der billigen Beschaffung der Ausgangsmaterialien hauptsächlich unendle Metalle hergestellt werden, beschäftigt sich die Industrie auch in ausgedehntem Maße mit der Erzielung der Korrosionsbeständigkeit ihrer Erzeugnisse. Durch chemische Veränderung der Oberfläche wird der Korrosion weitgehend Widerstand geleistet, z. B. Überzug mit schwarzem Eisenoxyd, II, 82; Phosphatisierung; oder bei Aluminium elektrische Oxydation (Eloxalverfahren). Nachträgliche Mittel sind Schutzanstriche, bei Eisen mit Mennige (Pb_3O_4) und dann mit Ölfarben. Messing bleibt blank, wenn es mit durchsichtigem Zaponlack angestrichen wird. Ferner Überzüge mit korrosionsbeständigen Metallen: Verchromen, Vernickeln, Verzinnen (Weißblech), Verzinken; oder mit leicht schmelzbaren Gläsern (Email); Einschließen in Beton (Eisenbeton); oder, nur für kürzere Dauer, Einölen.

Eine langsame Verbrennung bei etwa 37^0, gewissermaßen mit Zeitlupen-Wärmeentwicklung, findet auch fortwährend in unserem Körper statt. Wir nehmen mit jedem **Atemzuge** Sauerstoff aus der Luft auf. Im Blut wird er vorübergehend zu einer lockeren, chemischen Verbindung gebunden. In allen Teilen des menschlichen Körpers verbindet sich der Sauerstoff im Blute und in den verschiedenen Geweben mit den Nahrungsstoffen und v e r b r e n n t diese unter Erzeugung der lebensnotwendigen K ö r p e r w ä r m e. Die Verbrennungsprodukte H_2O und CO_2 atmen wir aus. Der Ausdruck »Lebensflamme« enthält also etwas sachlich Richtiges.

Die bei dieser langsamen, über Zwischenstufen laufenden Vereinigung mit Sauerstoff erzeugte Wärmemenge ist in ihrem Gesamtbetrage genau so groß wie die bei der Verbrennung der Nahrungsmittel mit Flammenerscheinung meßbare Kalorienzahl (S. 53 u. 113). Es ist bemerkenswert, daß die Betrachtung der „Verbrennungsvorgänge" im menschlichen Körper für Robert M a y e r der Ausgangspunkt zu seiner Entdeckung des **Gesetzes von der Erhaltung der Energie** war.

Eine langsame Oxydation ist auch das Vermodern von „Stöcken" im Wald, also das Faulen von Holz, die Humusbildung, das Verrotten von Mist infolge der Mitwirkung von Kleinlebewesen (Pilzen, Bakterien, Urtieren, Insektenlarven), gewissermaßen eine Atmung im großen Organismus der Natur. Auch bei der „Verwitterung" wirkt neben anderen Luftbestandteilen hauptsächlich der Sauerstoff langsam „oxydierend" S. 129.

Der glänzende Ablauf der Verbrennungserscheinungen in reinem Sauerstoff ist dadurch veranlaßt, daß die Konzentration hier 100% ist gegenüber der Konzentration von 21% in der Luft. Daß wir 100-proz. Sauerstoff zur Anwendung bringen können, hat eine segensreiche Auswirkung bei schweren Lungenentzündungen. Nehmen wir an, es sei nur $^1/_{10}$ des Lungengewebes noch in Tätigkeit. Dann wirkt die Atmung in reinem Sauerstoff von 1 at Druck wie ein belebendes Wunder. Durch die fünffache Konzentration ist es dann so, als ob die halbe Lunge noch tätig sei.

Zusammenfassung: **Den Vorgang der Vereinigung eines Grundstoffes oder Elementes mit Sauerstoff nennt man Oxydation, die hierbei entstehende Sauerstoffverbindung heißt Oxyd.**

D e r N a m e e i n e s O x y d e s richtet sich nach dessen Zusammensetzung. MgO bezeichnen wir einfach als Magnesiumoxyd. SO_2 heißt Schwefeldioxyd (gr. dis = zweimal wegen der Zahl der O-Atome), CO_2 Kohlendioxyd, P_2O_5 Phosphorpentoxyd (gr. penta = 5). Die behandelten Vorgänge werden in der chemischen Kurzschrift folgendermaßen wiedergegeben:

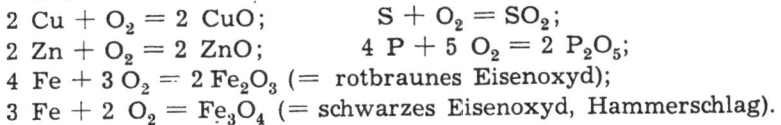

$$2\ Cu + O_2 = 2\ CuO; \qquad S + O_2 = SO_2;$$
$$2\ Zn + O_2 = 2\ ZnO; \qquad 4\ P + 5\ O_2 = 2\ P_2O_5;$$
$$4\ Fe + 3\ O_2 = 2\ Fe_2O_3\ (= \text{rotbraunes Eisenoxyd});$$
$$3\ Fe + 2\ O_2 = Fe_3O_4\ (= \text{schwarzes Eisenoxyd, Hammerschlag}).$$

Die bis jetzt besprochenen Oxyde haben wir »künstlich« hergestellt. Man findet aber auch unter den ohne Mitwirkung des Menschen entstandenen M i n e r a l i e n zahlreiche Oxyde: manche Erze des Eisens (s. S. 122), Rotzinkerz ZnO, Zinnstein SnO_2, Rotkupfererz Cu_2O, Quarz SiO_2, Korund Al_2O_3, Braunstein MnO_2 u. a.

Das Auftreten eines e i n z i g e n Stoffes nach der Verbrennung ist ein Kennzeichen für ein Element. Wo nun verschiedenartige Stoffe als Verbrennungsprodukte auftreten, kann kein Element, sondern muß eine V e r b i n d u n g vorgelegen haben. Das ist z. B. der Fall, wenn wir eine Kerze oder Paraffin verbrennen (vgl. S. 39 und S. 64!). Ebenso entsteht z. B. beim Verbrennen von Erdöl Wasser und Kohlendioxyd. Sowohl die Kerzenflamme als auch die Petroleumflamme rußen. Der Ruß scheidet sich an einem hineingehaltenen kühlen Gegenstand, z. B. einer Porzellanschale, ab und stammt zusammen mit anderen dunklen, teerigen

Produkten aus einer Zersetzungsdestillation des Brennmaterials (s. S. 97!). Er ist durch u n v o l l s t ä n d i g e Verbrennung aus dem Stoff der Kerze oder des Paraffins frei geworden. **Bei der hohen Temperatur der Flamme** laufen nun die 2 Reaktionstypen Vereinigung und Zersetzung nebeneinander her, so daß der Gesamttypus der Umsetzung sich ergibt (s. S. 28 und 38!). Es **entstehen** also **die Oxyde derjenigen Elemente, aus denen die Verbindungen bestehen.** Die entstandenen Oxyde lassen Rückschlüsse auf die chemische Zusammensetzung der verbrannten Verbindung zu. Für niedere Temperaturen und milde Reaktionsumstände dürfen wir auch bei Verbindungen zunächst ein zusammengesetztes Oxyd der Verbindung erwarten, das über mehrere Stufen hinweg weiter Sauerstoff aufnimmt bis zu den Endprodukten, wie sie auch in der Flamme erscheinen. (vgl. auch S. 115!)

Anhang: Der **Brenner** Bild 11 wurde von **Bunsen,** dem Begründer der physikalischen Chemie, konstruiert und führt seinen Namen. Die Einrichtung ist aus der Schnittzeichnung erkennbar. Bei (a) ist der nichtleuchtende Saum, die eigentliche heiße Flamme, eine dünne Randschicht, da bei geschlossener Hülse die Luft n u r von außen an das ausströmende Gas herantreten kann. Das Wesen der Flamme ist schon bei der Zink-Übg. S. 41 angegeben. Der gelb leuchtende Teil der Flamme (in der Schnittzeichnung weiß gelassen) ist um etwa 200° „kühler". Innen (punktiert) ist der nicht brennende Gaskern. Die Flamme spricht auf den leisesten Luftzug durch Flackern an und berußt eine kalte Porzellanschale. Also enthalten die leuchtenden Flammen glühende Kohlenstoffteilchen (Bild 11 a). Durch Öffnen der Hülse am Bunsenbrenner mischt man dem Gas Luft bei, wodurch die Kohlenstoffteilchen verbrannt werden. Daher ist die nichtleuchtende Gasflamme auch viel heißer als die leuchtende (Heizflamme; Bild 11 b). Bei der jetzt altmodisch gewordenen Gasbeleuchtung wird durch eine nichtleuchtende Bunsenflamme ein besonders zubereiteter „Strumpf" zum Glühen gebracht, der schon bei der Flammentemperatur von 1600° helles Licht aussendet.

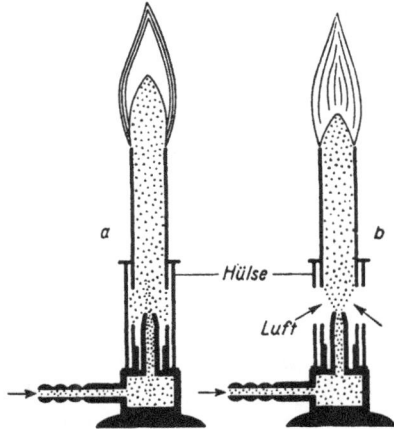

Bild 11.

Die Luft strömt nicht „von selbst" durch die Öffnungen ein, sondern um einen aus einer Düse austretenden Strahl bildet sich ein wulstförmiger, luftverdünnter Raum. Dabei ist es gleichgültig, ob dies ein Sandstrahl oder ein Wasserstrahl oder ein Gasstrahl, wie hier beim Leuchtgas im Bunsenbrenner, ist. Wenn die Hülse geschlossen ist, hören wir das aus der Düse ausströmende Gas sehr schwach. Öffnen wir, so hört man den einströmenden Wind auch bei nicht angezündeter Flamme durch die schallverstärkende Wirkung der Brennerröhre deutlich. Bei Gasherden rauscht es sogar wie bei einem Gebläse. Das explosive Gemisch: Leuchtgas + Luft, wird also erst o b e r h a l b von der Düse erzeugt.

Erkläre in diesem Zusammenhang die Wirkungsweise der Wasserstrahlpumpe! Die „Pumpenwirkung" des aus der Düse austretenden Gasstrahls kann man daran erkennen, daß Magnesiumpulver in die Flamme hochgeris-

sen wird, wenn man es auf einer Papierrinne an die Hülsenlöcher (Pfeile in
Bild 11 b) hinbringt.

Ist das Verhältnis der Größe der Zuglöcher zu dem aus der Düse aus-
strömenden Gas unrichtig, z. B. auch beim langsamen Abdrehen einer rauschenden Flamme, wird also zuviel Luft angesaugt, so schlägt die Flamme
zurück, brennt von der Düse weg, erhitzt den gesamten Brenner und kann
durch „Abschmelzen" des Gummischlauches zu Bränden Anlaß geben. Man
lasse deshalb eine rauschende Flamme nicht längere Zeit ohne Aufsicht. Im
anderen Falle, wenn die Zuglöcher zu klein sind, wird die Flamme nicht vollkommen entleuchtet und rußt.

Durch A b s c h r a u b e n der Brennerröhre kann man sich einen Mikro-
brenner herstellen, wenn man den Gashahn nur wenig öffnet. Bei ganz ge-
öffnetem Hahn rauscht auch diese Flamme.

Man erhitze geringe Flüssigkeitsmengen im Rgl. nicht mit großer, rauschender Flamme, sondern gewöhne sich an das Regulieren der Flamme
und an das L e u c h t e n d - K l e i n s t e l l e n bei Nichtgebrauch!

Drückt man auf eine rauschende Flamme ein feinmaschiges Kupferdraht-
netz, so erhält man einen Temperaturquerschnitt durch die Flamme. Oberhalb des Drahtnetzes erlischt die Flamme, da die Metalldrähte die Wärme
schnell ableiten und die T e m p e r a t u r n i c h t a u f d e n E n t z ü n-
d u n g s p u n k t s t e i g e n k a n n. Davon, daß Gas durch das Drahtnetz
strömt, kann man sich durch Entzünden überzeugen. Aus dem gleichen
Grunde kann man das Drahtnetz oberhalb eines geöffneten Brenners (etwa
2 cm) halten und erst jetzt das Gas über dem Drahtnetz entzünden, ohne
daß die Flamme zum Brenner zurückschlägt. Die technische Anwendung
dieser Erscheinung ist Davys Sicherheitsgrubenlampe und der Einsatz von
feinmaschigem Drahtnetz auch bei anderen Geräten, um gegebenenfalls das
Fortschreiten einer Explosion zu hindern.

13. Wärmetönung

Wir haben gesehen, daß bei jeder V e r b r e n n u n g die V e r e i n i-
g u n g m i t S a u e r s t o f f die Hauptsache ist. Die Flamme, die entstehende Wärme, haben wir zunächst als N e b e n e r s c h e i n u n g e n
erwähnt, die keineswegs bedeutungslos sind. So ist bei der Verbrennung im Ofen die bei der Vereinigung der Kohlen mit Sauerstoff entstehende Wärme zwar eine »Nebenerscheinung«, aber praktisch die
Hauptsache. Auch für die chemische Betrachtung gehört die Energie-
umsetzung, in diesem Falle die Wärmeabgabe, zum Wesen des Vorgangs.

Die meisten bisher behandelten Verbrennungen verlaufen v o n
s e l b s t weiter, wenn sie durch Entzünden begonnen haben, da bei
ihnen große Wärmemengen frei werden. Z. B. werden bei der Verbrennung von 3,2 g Schwefel 7100 cal frei. Umgekehrt ist es bei der Zerlegung von Quecksilberoxyd. Sie kommt zum Stillstand, wenn wir mit
der Wärmezufuhr aufhören. Es wird also hier Wärme verbraucht, von
den Molekeln der neugebildeten Produkte verschluckt, so wie die
Schmelzwärme von Eis bei 0⁰ sich im Wasser bei 0⁰ verbirgt. Bei Quecksilberoxyd v e r b r a u c h e n 3,2 g etwa 162 cal. Im ersten Falle spricht
man von positiver, im zweiten Fall von negativer Wärmetönung und
bezieht die Wärmetönung auch in die chemische Kurzschrift mit ein.
Zur Darlegung des sehr verschiedenen Wärmeumsatzes ist von beiden

Stoffen (S und Hg) die gleiche Gewichtsmenge zugrunde gelegt. Ähnlich wird zum Vergleich der Wärmewirksamkeit der Brennstoffe die Kalorienangabe häufig auf 1 kg Brennstoff bezogen. Bei der Betrachtung von chemischen Vorgängen ist aber ein Vergleich nur dann richtig, wenn er auf die gleiche Zahl von Molekeln bzw. Atomen ausgerechnet ist. Deshalb wird das Grammatom bzw. das Mol zur Grundlage genommen. Da dann der Energiebereich der gewöhnlichen chemischen Vorgänge im allgemeinen zwischen 10 000 und 100 000 cal liegt, wird die kg-Kalorie (1 kcal = 1000 cal) verwendet: Bei der Vereinigung mit Sauerstoff liefern 63,57 g Cu 37 kcal; 65,38 g Zn 85 kcal; 55,85 g Fe 98 kcal; 30,98 g P 185 kcal; 200,61 g Hg 11 kcal.

Wie an den großen Zahlen erkennbar ist, sind beträchtliche Energieumsetzungen im Spiele, aus denen wir seit Jahrhunderten bei der Verwendung unserer **Brennstoffe** Nutzen ziehen. Andere chemische Vorgänge liefern uns Lichtenergie (Magnesium) oder elektrische Energie (II, 141) oder auch mechanische Energie (Treibstoffe).

Das Beispiel: $2 Hg + O_2 \rightarrow 2 HgO + 22$ kcal klärt einen scheinbaren Widerspruch auf. In der Nähe seines Siedepunktes vereinigt sich Hg mit Sauerstoff zu HgO mit p o s i t i v e r Wärmetönung. Der Edelmetallcharakter kommt in der verhältnismäßig niedrigen Kalorienzahl zum Ausdruck. Schon bei ca. 400° beginnt der Temperaturbereich für die Zersetzung. Wir dürfen also feststellen: **Unedle Metalle (Cu, Fe, Zn) und Nichtmetalle reagieren mit dem Sauerstoff beim Erhitzen nach der Grundform der Vereinigung.** Erst bei Temperaturen, die 1000° weit übersteigen, zersetzen sich dann diese Oxyde wieder. **Edelmetalloxyde zersetzen sich schon bei geringer Erwärmung in die Elemente.** — Fürs erste wäre man versucht, die Wärmetönung als ein Maß für die Affinität anzusehen. II, 74 werden wir jedoch feststellen, daß dies sogar im allgemeinen unrichtig ist. (Vgl. a. S. 45, Katalyse!)

Nicht immer ist es so, daß ein Zerlegungsvorgang Wärme verbraucht. Bei der Explosion der Sprengstoffe werden die gewaltigen Wärmeenergiemengen nicht allein durch Vereinigungsvorgänge (meistens mit Sauerstoff) geliefert, sondern auch durch Zersetzungen, welche durch die Zündung des Sprengstoffs in Gang gebracht werden.

Bei der Herstellung nimmt ein derartiger Stoff Wärme in Form von chemischer Energie in sich auf, **endo-** (gr. nach innen) **thermer** Stoff (gr. thermos = Wärme). Häufig wird dies durch Verknüpfung einer viel Energie liefernden, **exo-** (gr. nach außen) **thermen** Reaktion mit der Energie schluckenden Herstellung des endothermen Stoffes bewirkt. Je mehr ein solcher Stoff in chemische Energie umgeformte Wärme enthält, desto »unnatürlicher« ist sein Bestehen. Bei geringer Veranlassung kann er in durch die Wärmeabgabe sich stürmisch steigernder Reaktion zerfallen: Explosion (S. 46).

Schon vor der Bekanntgabe des Gesetzes von der Erhaltung der Energie (S. 50) wurde das Heßsche Gesetz aufgestellt, dessen strenge Gültigkeit nicht nur aus dem allgemeinen Gesetz folgt, sondern auch experimentell bestätigt ist: „Die Gesamtsumme aller bei einer Reaktion auftretenden Energiemengen ist unabhängig von dem Wege, auf welchem die stoffliche Veränderung vor sich geht." Bei manchen Vorgängen läßt sich die Wärmetönung nicht unmittelbar messen, z. B. bei der unvollständigen Verbrennung von Kohlenstoff zu CO. Dagegen kann sehr leicht gemessen werden die Verbrennung von C (Graphit) zu CO_2 (94,27 kcal) und von CO zu CO_2 (67,70 kcal). Nach dem Heß'schen Gesetz folgt als Wärmetönung für den ersten Vorgang der unvollständigen Verbrennung zu CO : 94,27—67,70 = 26,57 kcl. Vgl. S. 105 bzw. 109!

IV. Das Wasser als Ziel und Grundlage chem. Vorgänge

14. Chemische Untersuchung des Wassers

Das Wasser kommt in seinen 3 Zustandsformen auf der Erdoberfläche in großen Massen vor: fest als Gletschereis und als Firnschnee, als Hagel, Schnee und Rauhreif; flüssig als Grundwasser, Quellwasser, Flußwasser, Seewasser, Meerwasser, in der Luft suspendiert als Wolken, Nebel und Regentropfen; als unsichtbares Gas ist es der Luft beigemengt (s. S. 44!). Das Eindringen in größere Tiefen wird durch die Wärme des Erdinneren verhütet. Dies ist deshalb von Wichtigkeit, weil man berechnet hat, daß sonst der mehr als 120 km dicke äußere Gesteinsmantel das gesamte auf der Erde vorhandene Wasser wie ein Schwamm aufsaugen würde und damit dem Leben auf der Erde die unbedingt notwendige Grundlage entziehen würde. — In seinem natürlichen Vorkommen ist das Wasser, abgesehen vom Wasserdampf der Luft, nie ein volkommen reiner Stoff. Wenn nicht eine Suspension, so ist es doch immer ein homogenes Gemenge (Lösung) mit festen Stoffen oder Gasen. Schon an der Farbe des Flußwassers können wir erkennen, daß dieses eine Suspension ist. Die grüne Farbe ist eine Mischfarbe von blau und gelb bis braun (der suspendierten Teilchen).

Wasser ist nämlich n u r i n d ü n n e n S c h i c h t e n f a r b l o s, in dicken Schichten deutlich blau. Schon in einer frisch gefüllten, weiß emaillierten Badewanne ist dies erkennbar. Bei der Färbung der natürlichen Gewässer wirken noch mit: die suspendierten Verunreinigungen, der Untergrund, soweit er sichtbar ist, die Beleuchtung und die Spiegelung. In sehr dicken Schichten ist Wasser undurchsichtig (schwarz!). Unterhalb von 200 m herrscht deshalb im Meer vollkommene Dunkelheit.

Absolut reines Wasser aus dem natürlichen Wasser herzustellen, ist durchaus nicht einfach. Wenn man Wasser in dem Glasgerät Bild 3 unter Zusatz von etwas Kaliumpermanganat[1]) und Kalilauge[2]) destilliert, erhält man praktisch reines Wasser.

Aber die lösende Kraft des Wassers hat schon im Kühler und in der Vorlage (Becherglas oder Stehkolben, im Bild 3 weggelassen) sofort Aufnahme von Gasen aus der Luft zur Folge. Es fallen Bakterien und Stäubchen aus der Luft hinein und aus dem Destillationsgerät selbst wird, wenn auch nur in Spuren, Glas herausgelöst. Um dies zu vermeiden, müßte man ein

---

[1]) Zur Zerstörung von organischen Stoffen (Bakterien).
[2]) Zur Bindung der Kohlensäure.

Platingerät und luftleeren Raum (Vakuum) zur Anwendung bringen, wie dies zur genauen Feststellung der physikalischen Konstanten des Wassers in den Forschungsanstalten geschehen ist. Wasser bildet bekanntlich den Ausgangspunkt für zahlreiche Messungen. — Für die Industrie ist die Reinigung durch Destillieren zu teuer; sie geschieht durch Filtrieren und Behandlung mit „Austauschern", welche unerwünschte Stoffe aus dem Wasser entnehmen. Auf technische Einzelheiten kann nicht eingegangen werden. — Die Wasserreinigung bzw. -reinhaltung ist aber auch für den Hausgebrauch von größter Wichtigkeit. In den Wasserwerken der Gemeinden wird die Reinheit des abgegebenen Wassers ständig sorgfältig überwacht.

Unser Gebrauchswasser ist durch seine Herkunft irgendwie mit Gesteinsschichten in Berührung gekommen und hat dadurch namentlich Kalk und Magnesiumverbindungen aufgenommen. Die Konzentration dieser, an sich sehr verdünnten Lösung, ist je nach der Örtlichkeit verschieden, in Urgebirgsgegenden sehr gering: weiches Wasser, in Gegenden mit Kalk oder Dolomitgebirgen höher: hartes Wasser. Regenwasser, das nicht mit dem Erdboden in Berührung gekommen ist, steht dem destillierten Wasser am nächsten: sehr weiches Wasser.

Übg.: Der Nachweis der im harten Wasser gelösten Stoffe kann durch Eindunsten einer geringen Menge in einem »Uhrglas« auf dem Wasserbade erfolgen: es hinterbleibt ein erdiger, weißer Rückstand, der sich meistens in verdünnter Salzsäure unter Aufbrausen löst[1]). Destilliertes Wasser hinterläßt überhaupt keinen Rückstand, weiches Wasser nur eine verhältnismäßig geringe Menge. Bei sehr hartem Wasser fallen die gelösten erdigen Stoffe schon beim Erhitzen zum Sieden[1]) aus und setzen sich bei öfterer Wiederholung zum sog. Kesselstein zusammen, z. B. im Wasserschiff des Küchenherdes oder im Teekessel. Da dies nicht nur lästig ist, sondern auch die Wärmeübertragung stark beeinträchtigt und bei Dampfkesseln Gefahren in sich birgt, muß der Kesselstein von Zeit zu Zeit entfernt werden, entweder mechanisch oder chemisch durch v o r s i c h t i g e s Behandeln mit Salzsäure. Auf diesen chemischen Vorgang kann jedoch erst später[1]) eingegangen werden.

Geschmacksunterschied von Leitungswasser und destilliertem Wasser

Dem reinen und gasfreien Wasser kommt kein Geschmack zu. Das kann schon deshalb nicht sein, weil das Wirken des Geschmackssinnes als chemischer Sinn sich auf der Grundlage des Wassers abspielt. Wir schmecken nur wasserlösliche Stoffe. Wenn dem Lösungsmittel, dem Wasser, schon Geschmack zukäme, würde dies den Wirkungsbereich des Geschmackssinnes stark beeinträchtigen. Unlösliche Stoffe schmecken wir nicht, sondern fühlen sie nur auf der Zunge. Der angenehme Geschmack des Brunnenwassers rührt also von den aufgelösten Stoffen

---

[1]) s. S. 107, Kalziumhydrogenkarbonat usw., ferner II, 97!

her, es schmeckt buchstäblich nach Kesselstein oder nach den gelösten Gasen. Wir verwechseln eben häufig die Begriffe Wasser und wäßrige Lösung. Vgl. die Bezeichnung Schwefelwasser, Chlorwasser usw.

Enthalten Quellen über den normalen Gehalt hinausgehende Mengen von gelösten Stoffen, so werden sie als M i n e r a l w a s s e r bezeichnet, meist unter Angabe des Herkunftsortes: Solen, Säuerlinge, Eisenquellen, Schwefelquellen.

I. Übg.: Im Gegensatz zu dem physikalischen Vorgehen beim Eindampfen liefert folgende chemische Einwirkung die Unterscheidung sehr rasch. Als R e a g e n s [1]) benutzen wir flüssige Seife, wie sie in Seifenbehältern an Waschbecken häufig bereitgestellt wird: Destilliertes und weiches Wasser trübt sich nicht oder nur sehr geringfügig. Verschließt man das Rgl. mit dem Daumen und schüttelt, so erhält man einen k r ä f t i g e n u n d b l e i b e n d e n S c h a u m. Hartes Wasser gibt eine sehr starke Trübung, die sich beim Schütteln krümelig zusammenballt. Es liefert wenig Schaum, der noch dazu rasch zusammenfällt. Gegenprobe: Destilliertes Wasser, dem man ein paar Tropfen einer Kalksalzlösung zusetzt, verhält sich wie hartes Wasser.

E r g e b n i s : Seife gibt mit den gelösten Bestandteilen des Brunnenwassers durch chemische Umsetzung eine unlösliche Verbindung (Fällung), z. B. Kalkseife. Die genaue Formulierung des nach der 3. Grundform verlaufenden Vorgangs, zumal in der chemischen Kurzschrift, geht über die bisher gewonnenen Kenntnisse hinaus.

Wir stoßen hier zum erstenmal auf eine in der analytischen Chemie besonders **wichtige Form der chemischen Veränderung in wäßriger Lösung, der Fällungs- oder Niederschlagsbildung,** die erst im Teil II erklärt wird und hier nur angedeutet werden kann. Bei einer Umsetzung muß nach S. 28 eine Zersetzung zugrunde liegen und darauffolgend eine Vereinigung sich vollziehen. Infolge seiner physikalisch-elektrischen Eigenschaften bildet das Lösungswasser eine stoffliche „Umwelt" besonderer Art für die Molekeln gewisser Stoffgruppen, zu denen die im harten Wasser gelösten Kalk- und **Magnesiumsalze** und auch die Seifen als **fettsaure Salze** gehören. Ohne daß Energie zur Auslösung des Vorgangs zugeführt werden muß, zerfallen die genannten Molekeln zu einem bestimmten Betrage in Spaltstücke. Da die **Zerlegung** bei der Entfernung des Lösungswassers wieder rückgängig gemacht wird, gehört sie zum physikalischen Lösungsvorgang (S. 24), d. h. bei gewissen Stoffgruppen geht die Lösung als Zerteilung in die Molekeln noch darüber hinaus, und zwar **ohne chemische Änderung.** Die Spaltstücke sind also **keineswegs den Elementaratomen gleichzusetzen,** aus denen die Molekel besteht. Ihre Entstehung in der Lösung durch einen physikalischen Vorgang ohne stoffliche Änderung ist dadurch möglich, daß sie schon in der Molekel vorhanden sind und nur durch das Lösungsmittel Wasser auseinandergedrängt zu werden brauchen. Da diese Unterteilungsstücke der Molekel unter dem Einfluß von elektrischen Spannungen in Bewegung geraten und einen „elektrischen" Strom bilden, werden sie als **wandernde** Stoffteilchen = **Ionen,** bezeichnet und dadurch von den Atomen unterschieden.

Gibt man nun zu einer Salzlösung, in unserem Falle zur sehr verdünnten Kalksalzlösung des harten Wassers, Seifenlösung, also ein fremdes Salz,

---

[1]) Lat. = das Rückwirkende, Prüfungsmittel.

so treffen verschiedenartige Wanderer (Ionen) aufeinander. Eine Vereinigung findet dann statt, wenn der zu einer stofflich neuen Ionenpaarung gehörende Stoff besonders schwer in Wasser löslich ist: Ausscheidung von Kalkseife. Derartige noch als Trübung leicht erkennbare Fällungen werden in großem Umfange zur Ermittlung der Zusammensetzung in der „analytischen" Chemie benutzt. Genaueres s. II, 40, 86, 97 und 99!

F o l g e r u n g : In Gegenden mit hartem Leitungswasser sind wir gezwungen, beim Waschen eine gewaltige Menge von Seife nutzlos zu verschwenden. Durch Zusätze kann hartes Wasser weich gemacht werden, z. B. durch Soda, Borax u. a. — Zu chemischen Untersuchungen darf Brunnenwasser nicht verwendet werden, da man dadurch unerwünschte Stoffe in die Lösung einschleppt. Vielmehr muß in der analytischen Chemie destilliertes Wasser genommen werden.

II. Da Wasser bei der Verbrennung einer Kerze entsteht (S. 39!), muß es eine S a u e r s t o f f v e r - b i n d u n g , ein Oxyd sein. Den anderen Stoff müssen wir dadurch erhalten, daß wir den Sauerstoff aus dem Wasser herausnehmen. Das gelingt durch die Einwirkung des elektrischen Stromes. Leitet man, wie im Bild 12 ersichtlich, durch besonders vorbereitetes [1]) Wasser den elektrischen Strom, so bemerkt man nach einiger Zeit, daß zwei Gase entstanden sind. Die Menge dieser Gase, die sich in der gleichen Zeit gebildet haben, verhält sich wie 2 : 1.

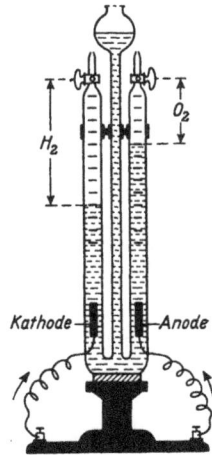

Bild 12.

Wir führen mit Hilfe eines dünnen, mit Wasser gefüllten Gummischlauches und einer mit Wasser gefüllten Schale wie im Bild 25 das Gas, von welchem 1 Volumen entsteht, in ein Rgl. über. Die Probe mit dem glimmenden Span läßt es als reinen Sauerstoff erkennen. Das andere Gas muß der andere Stoff im Wasser, der W a s s e r s t o f f sein. In Erinnerung an die Entstehung von Wasser in der Flamme (S. 39), dürfen wir erwarten, daß er brennbar ist, was der Versuch nach Überführung in ein Rgl. bestätigt. Oder man kann den Wasserstoff direkt an der Düse entzünden, wo er aber (wegen das Glases, vgl. S. 70!) mit g e l b e r Flamme brennt, während die Flamme im Rgl. auf weite Entfernung k a u m b e m e r k b a r ist.

Die Aufstellung der Formel aus dem Volumenverhältnis erfordert verwickelte Überlegungen; s II, 44!

---

[1]) Reines Wasser leitet den elektrischen Strom beinahe gar nicht. Die Wirkung von Zusätzen läuft darauf hinaus, daß sich an ihnen die elektrischen Vorgänge abspielen. Das Ergebnis dieser für den Anfang zu verwickelten Vorgangskette ist die Zerlegung des Wassers. Genauere Angaben II, 54.

15. Wasserstoffdarstellung mit Hilfe von Säuren

Da der Elektrolytwasserstoff bei weitem nicht ausreicht, wird in der Technik Wasserstoff im großen aus Wasser durch c h e m i s c h e Zerlegung dargestellt. Im Laboratorium dagegen geht man von anderen Wasserstoffverbindungen aus, z. B. von verdünnter Salzsäure. Ihr Name rührt davon her, daß sie aus „d e m S a l z", nämlich Kochsalz, gewonnen wird. Die Eigenschaften der konzentrierten Salzsäure und ihre Darstellung werden II, 21 beschrieben. Auch in starker Verdünnung schmeckt sie sehr sauer und rötet blaues Lackmuspapier [1]).

Durch eine ähnliche Anordnung wie S. 57, nur mit Kohleelektroden an Stelle des Platins, läßt sich nachweisen, daß in Salzsäure Wasserstoff an Chlor gebunden ist. Das Element Chlor ist ein gelb-grünes Gas von erstickendem und schwach süßlichem Geruch[2]), dessen wäßrige Lösung, das Chlorwasser, auf Farbstoffe, z. B. Lackmus bleichend einwirkt (Genauere Angaben II, 16). Das Chlorgas ist zweieinhalb mal so schwer wie die Luft. Da es nicht nur zum Husten reizt, sondern auch ein gefährliches **Lungengift** ist, dürfen Versuche mit Chlor nur in einem gut wirkenden Abzug ausgeführt werden.

An Stelle der etwas umständlichen, elektrischen Herstellung kann man durch eine chemische Umsetzung aus Salzsäure Wasserstoff gewinnen, und zwar durch Einwirkung auf Z i n k m e t a l l.

Um Vergiftungen vorzubeugen, verwende man von beiden nur reinste Ware, welche den Anforderungen des deutschen Arzneibuches genügt. Bezeichnung auf dem Etikett DAB 6.

Übg.: Zu Zinkspänen in einem Rgl. wird verdünnte, etwa 10 proz. Salzsäure [3]) gegeben. Unter deutlicher Erwärmung (Befühlen) steigen Gasblasen auf. Die Flüssigkeit „sprudelt". Das Zink wird weniger, l ö s t s i c h a u f. Bringt man das entwickelte, farblose und geruchlose Gas an der Bunsenflamme zur Entzündung, so bemerkt man anfänglich Knallgasgeräusch (s. S. 61!), später Entzündung mit dumpfem Geräusch und ruhiges Brennen mit kaum erkennbarer Flamme. Das Gas ist vollkommen geschmacklos und verändert blaues Lackmuspapier nicht, obwohl man eigentlich nicht erwarten kann, daß dem mit Hilfe einer Säure entwickelten Gase saure Eigenschaften fehlen. Versieht man das Rgl. mit einer Ableitungsvorrichtung (einem durchbohrten

---

[1]) Lackmus ist ein blauer, aus Flechten gewonnener Farbstoff. Mit einer Lösung dieses Farbstoffes getränktes und dann getrocknetes Papier ist Lackmuspapier. Farbänderungen bei Pflanzenstoffen sind häufig. Versetze je einen Anteil von Blaukrautsaft mit Essig und Salmiakgeist!

[2]) Nur bei s t a r k e r Verdünnung probieren!

[3]) Aus später zu erörternden Gründen wird die Gasentwicklung durch Zugabe von ein paar Tropfen Kupfersulfatlösung beschleunigt.

Korkstopfen mit einem zweckentsprechend gebogenen Glasrohr), so kann man Wasserstoff unter Wasser in Rgl. abfüllen, sowie in aufrecht und verkehrt gehaltenen Gläsern durch Brennbarkeitsprüfung nachweisen, daß er leichter als Luft ist. Weitere Versuche S. 67, klein gedruckter Absatz! — Nach Beendigung der Wasserstoffentwicklung wird die Reaktionslösung von unverändertem Zink abfiltriert. An Stelle des sauren Geschmacks bemerkt man einen widerlichen, salzigen, zusammenziehenden. Blaues Lackmuspapier wird nicht mehr hellrot, sondern dunkelrot gefärbt. Beim Einengen in einem Uhrglas auf dem Wasserbad bekommt man einen kristallisierenden, salzartigen Stoff, durch Abpressen der „Mutterlauge" mittels Filtrierpapier besonders deutlich.

E r g e b n i s : Die Säure wird unter Wasserstoffentwicklung durch das Metall verbraucht. Da in dem gleichen Maße die sauren Eigenschaften zurückgehen, spricht man von einer Neutralisation der Säure. Zum Unterschied von den physikalischen Lösungen (S. 24) erhält man den gelösten Stoff nicht unverändert zurück. Nach der Entfernung des Lösungsmittels sind die Zinkatome wohl noch vorhanden, aber s i e s i n d   j e t z t   B e s t a n d t e i l e   d e r   M o l e k e l n   e i n e s   n e u   g e - b i l d e t e n ,   s a l z a r t i g e n   S t o f f e s   geworden: c h e m i s c h e L ö s u n g , d. h. **Lösung mit Änderung der molekularen Zusammensetzung.**

Mit dem Entweichen des Wasserstoffs ist der Säurecharakter verschwunden. Also ist der Wasserstoff der eigentliche Säurestoff. Man kann dies schon an der Formel der Salzsäure erkennen, welche k e i - n e n   S a u e r s t o f f enthält.

Nimmt man eine andere, z. B. eine sauerstoffhaltige Säure, Schwefelsäure, und andere Metalle, z. B. Magnesium, Eisen DAB 6 (vgl. auch S. 127!), oder Aluminium, so erhält man als Gas auch nur Wasserstoff. Ergebnis: Die Wasserstoffentwicklung ist nicht auf Zn und Salzsäure beschränkt, sondern eine allgemeine Erscheinung beim Zusammentreffen von Säuren mit Metallen. Ausnahmen bilden die Edelmetalle: Gold, Platin, auch Kupfer gehört schon dazu, obwohl letzteres nach seinem Verhalten gegen den Luftsauerstoff gewöhnlich als unedles Metall gilt. Allgemein: **Metall + Säure gibt Wasserstoff + Salz.**

Zink + Salzsäure gibt Wasserstoff + Zinkchlorid (salzsaures Zink)

$$Zn + 2\,HCl \quad = H_2 \uparrow \quad + ZnCl_2.$$

W o r t e r k l ä r u n g : **Säuren sind Wasserstoffverbindungen, deren Wasserstoff ganz oder teilweise durch Metall ersetzbar ist. In wäßriger Lösung schmecken sie sauer und röten blauen Lackmusfarbstoff.**

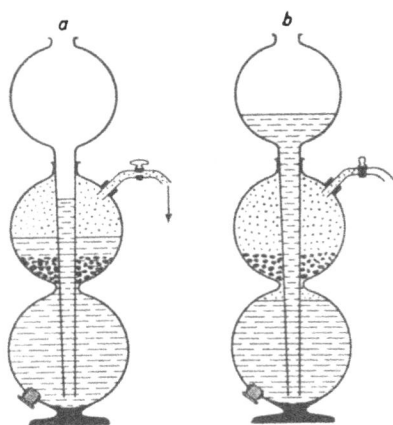

Zu Versuchszwecken im Laboratorium benützt man den Gasentwicklungsapparat von Kipp.

Wie die nebenstehende Zeichnung (Bild 13) zeigt, besteht er aus drei miteinander in Verbindung stehenden Kugeln. In der obersten und in der untersten Kugel, die durch ein Rohr miteinander verbunden sind, befindet sich Salzsäure. In der mittleren Kugel ist Zink. Öffnet man den Hahn, so fällt die Säure in die untere und steigt dann in die mittlere Kugel, die Luft aus ihr herausdrängend. Da die Säure nun in Berührung mit dem Zink ist, beginnt die Wasserstoffentwicklung. Der Wasserstoff entweicht durch den Hahn. Schließt man den Hahn, so geht die Bildung des Gases

Bild 13.

z u n ä c h s t weiter. Der Gasdruck im Inneren der mittleren Kugel, der immer größer wird, drängt aber schließlich die Säure in die unterste Kugel und von da aus in die oberste. Damit ist aber die Säure wieder vom Zink getrennt und die Wasserstoffbildung unterbrochen. Der Apparat hat demnach den Vorteil, daß man, solange Zink und Säure vorhanden sind, stets nach Belieben Wasserstoff entnehmen und die Reaktion, wann man will, unterbrechen kann. Durch einen Gummiring wird das Metall am Durchfallen in die untere Kugel gehindert.

Um den Wasserstoff, der mitgerissene Säuretröpfchen enthalten kann, zu trocknen, leitet man ihn durch ein mit Watte oder mit festen Trocknungsmitteln beschicktes Glasrohr oder man trocknet das Gas nach Bild 14 b.

16. Chemische Eigenschaften des Wasserstoffes
Reduktion und Hydrierung

Die Neigung des Wasserstoffs mit Sauerstoff zusammen in Wasser überzugehen, ist sehr groß:

1. Das **Gemisch der beiden Gase** [1]) **explodiert** mit ungeheurer Gewalt.
Davon gibt der Versuch eine Vorstellung, bei dem „**Knallgas**" in Seifenblasen (dünne Häute aus Seifenlösung: großblasiger Knallgasschaum) eingeschlossen wird und **nach** d e r E n t f e r n u n g v o m E n t w i c k l u n g s - a p p a r a t angezündet wird. In einer mit Elektrolyt (Wasser unter Zusatz von Natriumsulfat) nahezu völlig gefüllten und mit einem 3-fach durchbohrten Gummistöpsel gasdicht verschlossenen Pulverflasche wird durch Elektrolyse Knallgas hergestellt und in Seifenlösung in einer flachen Porzellanschale eingeleitet. 2 Bohrungen sind für die in Glasröhren eingeschmolzenen Elektroden, 1 Bohrung für das entsprechend gebogene und spitz ausgezogene Ableitungsrohr. Das Produkt der niemand gefährdenden Seifenblasen-Zer-

---

[1]) Auch mit anderen Gasen bildet der Sauerstoff oder die Luft explosive Gemische, so mit Spiritusdampf, Benzindampf, Leuchtgas, verflüchtigtem Terpentinöl usw. Man macht sich die Kraft der Explosionen dienstbar in E x p l o s i o n s m o t o r e n . Ein großer Teil der Schiffe und alle Automobile, Motorräder und Luftfahrzeuge werden durch Explosionen fortbewegt.

knallung, Wasser in Dampfform, kann man dabei nicht fassen. Dafür wäre eine explosionssichere Röhre notwendig. Seine Blaswirkung erkennt man daran, daß es die Flamme des entzündeten Bunsenbrenners auslöscht.

Auch in einem **offenen** Rgl. kann man Knallgas ungefährdet entzünden. Man füllt $^1/_3$ des Rgl. mit Wasser, verdrängt das Wasser durch Wasserstoff, verschließt mit dem Daumen, schwenkt das Rgl. ein paarmal nach unten und oben und entzündet an einer Bunsenflamme. Man nimmt ein juchzendes Geräusch wahr, das bei der Zusammensetzung $^2/_7$ Wasserstoff zu $^5/_7$ Luft in Schmettern übergeht, weil dann für die Vereinigung mit dem Luftsauerstoff das richtige Raumverhältnis besteht. Man kann durch Ausprobieren der Mischungsverhältnisse feststellen, daß der Explosionsbereitschaft gewisse Grenzen gezogen sind. Weniger als 4 % Wasserstoff in der Luft explodiert nicht, denn sonst dürften wir in einem Zimmer einen Wasserstoffentwickler nicht öffnen, ohne sofort eine Explosion befürchten zu müssen. Umgekehrt: Das Gemenge Luft mit über 75 % Wasserstoff brennt ruhig ab.

2. Der **Wasserstoff holt den Sauerstoff aus Oxyden heraus,** wie aus dem folgenden Versuch hervorgeht.

Die konzentrierte Schwefelsäure enthaltende Gaswaschflasche A dient zur Erkennung der Lebhaftigkeit des Gasstromes und zur Zurückhaltung von etwa vorhandenem Wasserdampf (s. S. 77!). Absolut trocken strömt der Wasserstoff durch das Doppelkugelrohr aus schwer schmelzbarem Glase, das etwas nach unten geneigt ist. In der Kugel B befindet sich drahtförmiges schwarzes Kupferoxyd. Die Kugel C ist leer und wird durch Umwickeln mit triefend nassem Filtrierpapier gekühlt. An das Ende des Glasrohres wird eine Messingdüse angeschlossen. Über diese wird zunächst ein Rgl. gestülpt und an einer **entfernt** aufgestellten Flamme auf Knallgas geprüft. Wenn das Gas im Rgl. ruhig abbrennt, darf der aus der Düse ausströmende Wasserstoff angezündet werden. Man reguliert den Gasstrom so, daß man eine mäßig hohe Flamme hat. Ein in die Flamme gehaltener Platindraht glüht sehr hell: hohe Temperatur der Wasserstoff-Flamme (etwa 2000°). Aus einem schräg über die Flamme angebrachten hohen Becherglas, das durch Bedecken mit einem feuchten Lappen gekühlt wird, tropft nach kurzer

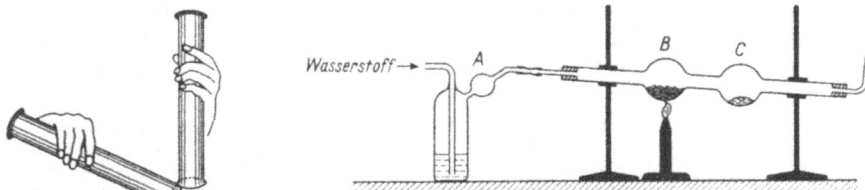

a) „Umgießen" von Wasserstoff.　　　b) Reduktion von CuO.

Bild 14.

Zeit s y n t h e t i s c h e s　W a s s e r , womit der bei (1) fehlende Nachweis geführt ist, daß durch Vereinigung von Wasserstoff und Sauerstoff Wasser entsteht: $2 H_2 + O_2 = 2 H_2O$.

Dem Kupferoxyd ist unterdessen nichts passiert. Es hat die Wasserstoffatmosphäre in der Kälte ausgehalten. Man bestreicht nun die Kugel B mit einer Flamme, um durch langsames Anwärmen ein Springen des Glases zu vermeiden und erhitzt schließlich kräftig: Die Flamme an der Messingdüse wird kleiner und erlischt eventuell, je nach der Stärke des Gasstromes. Der Inhalt der Kugel B bekommt die leuchtend hellrote Farbe des Kupfermetalls. In der Kugel C sammelt sich synthetisches Wasser an [1]):

Metalloxyd + Wasserstoff gibt Metall + Wasser

$$CuO + H_2 \rightarrow Cu + H_2O \quad \text{oder} \quad Cu{=}O + H{-}H \rightarrow Cu + O{\Big\langle}^{H}_{H}$$

Zur deutlicheren Formulierung des Vorgangs bedienen wir uns einer Form der chemischen Kurzschrift, in der die Bindungen **(Valenzen)**[2]) **durch Striche** versinnbildlicht sind. Dafür gibt es ganz bestimmte **Regeln:** Die Zahl der Wertigkeiten[3]) wird durch die Zahl der von dem Element ausgehenden Striche wiedergegeben, und zwar steigt diese in Oxyden höchstens auf 8, z. B. im OsO_4 (vgl. die Wertigkeitstabelle S. 135!). Auch VII-Wertigkeit ist in Sauerstoffverbindungen selten, häufiger sind die Wertigkeiten VI bis IV, am häufigsten III und II. In Wasserstoffverbindungen geht die Bindungsfähigkeit nicht über 4 H-Atome an e i n e m Element hinaus; Beispiel: der Kohlenwasserstoff CH_4, Methan, S. 101. Es sind nur solche Verbindungen richtig formuliert, bei denen jeder von einem Atom ausgehende Strich zu e i n e m Strich eines anderen Atoms führt. Die zwei aneinanderstoßenden Striche werden in einen Strich „v e r s c h m o l z e n". Niemals sollen ein oder mehrere Wertigkeitsstriche frei enden oder 2 Wertigkeitsstriche in einer Wertigkeit des Partneratoms zusammentreffen.

Wo man die Wertigkeitsstriche hinzeichnet, nach oben, unten, rechts oder links vom Symbol ist gleichgültig. Z. B. ist H—O— für sich unbeständig, eine Gruppe aus W a s s e r - und S a u e r s t o f f = Hydroxyl[4]). Tritt ein Wasserstoffatom dazu: H—O—H, so hat man Wasser; tritt eine zweite solche Gruppe dazu, so hat man eine ebenfalls existenz-

---

[1]) Die Wasserstoff-Flamme brennt jetzt wieder hoch oder kann wieder entzündet werden, da kein Wasserstoff mehr beansprucht wird, wenn der im Kupferoxyd vorrätige Sauerstoff verbraucht ist. Man läßt dann im Wasserstoffstrom erkalten. Durch eine geeignete Änderung der Apparatur kann man den Versuch quantitativ ausgestalten und durch Wägung von CuO und H_2O die Zusammensetzung des H_2O ermitteln.

[2]) s. S. 33, wo auch die Worterklärung für „Wertigkeit" angegeben ist.

[3]) Will man die Wertigkeit eines Elementes angeben, so schreibt man sie als römische Ziffer über das Symbol, z. B $\overset{II}{O}$; $\overset{I}{H}$; $\overset{II}{Cu}$ oder in Klammern neben das Symbol.

[4]) s. die gr. Bezeichnungen S. 36!

fähige Verbindung zwischen Sauerstoff und Wasserstoff: H—O—O—H
= H_2O_2. Es gibt demnach außer dem normalen Wasserstoffoxyd, dem
Wasser, noch ein 2. Oxyd, das zum Unterschied Wasserstoffsuperoxyd
heißt. Die Bezeichnung „super" sagt aus, daß es übermäßig Sauerstoff
enthält. Es unterliegt der **thermischen Zersetzung** schon bei Sommer-
temperaturen und muß kühl in braunen Flaschen aufbewahrt werden.
Die katalytische Zersetzung und die technische Herstellung wird II, 14
behandelt werden. Jetzt merke man sich schon, daß es als 3-proz. Lösung in den Apotheken verkauft wird. Verwendung als Bleich- und
Gurgelmittel wegen der oxydierenden und desinfizierenden Wirkung.
Zum Gurgeln muß sogar die 3-proz. Lösung noch weiter verdünnt
werden, da sie sonst ätzend wirkt. Die Zersetzung: $2 H_2O_2 = 2 H_2O + O_2$
wird hiebei durch einen in unserem Speichel enthaltenen Stoff katalytisch beschleunigt, so daß es deutlich fühlbar schäumt.

3. Auch durch **Einwirkung von Sauerstoffverbindungen auf Wasserstoffverbindungen** wird, wie wir noch S. 70 sehen werden, Wasser gebildet. Daraus ergibt sich eine w i c h t i g e c h e m i s c h e R e g e l :
**Wo Gelegenheit für Wasserentstehung gegeben ist, wird auch tatsäch-
lich Wasser gebildet.** Die Wassermolekel ist also ein wichtiges Zentrum
unserer chemischen Betrachtungen. Das in unserem Lebensbereich all-
gegenwärtige Wasser beschleunigt oder hemmt zahlreiche Vorgänge,
wirkt also manchmal wie ein Katalysator, so daß gewisse chemische
Umsetzungen in absolut trockener Umgebung ausbleiben, S. 29 und 45.
Genauer betrachtet ist Wasser überhaupt ein überaus merkwürdiger
Stoff. Daß das Vereinigungsprodukt der b e i d e n G a s e (Wasserstoff
und Sauerstoff) eine F l ü s s i g k e i t ist, muß als anormal bezeichnet
werden, wenn man bedenkt, daß das Vereinigungsprodukt des f e s t e n
S c h w e f e l s mit dem W a s s e r s t o f f e i n G a s (S. 79) i s t.

4. Wenn wir an die Wasserstoff- F l a m m e erinnern, so erscheint
uns die Aussage, daß der Wasserstoff oxydiert wird, selbstverständlich
zu sein. Bei der Einwirkung von Wasserstoff auf Kupferoxyd taucht
sofort der Zweifel auf, welchem Reaktionspartner wir den Antrieb zuschreiben sollen. Wir könnten wieder sagen: der Sauerstoff des hoch
erhitzten Kupferoxyds oxydiert den gasförmigen Wasserstoff. Natür-
licher scheint uns hier die Aussage: Der Wasserstoff beraubt das
Kupferoxyd seines Sauerstoffatoms, **reduziert** zu Kupfer, „führt" also,
wenn man von Kupferdraht ausgegangen ist und durch Sauerstoffein-
wirkung Kupferoxyd in Drahtform hergestellt hat, den ursprünglichen
metallischen Zustand wieder „zurück": daher der Ausdruck „**Reduktion**", statt dessen auch Wegnahme von Sauerstoff = **Desoxydation** —
die französische Vorsilbe „des" entspricht der deutschen „ent". Bei der
Reduktion von Oxyden sind also 2 Vorgänge unlöslich verflochten: D a s
O x y d g i b t d e n S a u e r s t o f f h e r, wird reduziert, d a s R e -

d u k t i o n s m i t t e l [1]) n i m m t d e n S a u e r s t o f f a u f , wird oxydiert. Reaktionstypus: Umsetzung; S. 65, Ziff. 7.

Richtet sich die Wirkung des Wasserstoffes gegen sauerstofffreie
Stoffe, z. B. die Stickstoffmolekel, so muß man den Antrieb dem Wasserstoff allein zuerteilen: **er hydriert.** Die technischen Hydrierungen haben
in den letzten Jahren eine außerordentlich hohe Bedeutung erlangt:
Hydrierung der Stickstoffmolekel: Ammoniaksynthese; Hydrierung
der Kohle: Benzinsynthese; Überführung von Ölen in feste Fette: Fett-
härtung.

**Die Hydrierung ist ebenso wie die Oxydierung ein Vereinigungs-
vorgang**

Man darf sich sogar nach neuester Ansicht die Oxydation von Wasserstoffverbindungen so vorstellen, daß der Wasserstoff der aktive Reaktionsteil ist.
Er wandert aus dem Molekel ab und **hydriert** nicht nur gebundenen Sauerstoff (z. B. in CuO), sondern auch die O_2-Molekel unter Bildung von H_2O_2.
Dies ist sogar in der Wasserstoff-Flamme nachweisbar, wenn man ähnlich
verfährt, wie mit der Porzellanschale in der Kerzenflamme. Richtet man
nämlich die Wasserstoff-Flamme gegen ein größeres Stück Eis, so bekommt
man eine verdünnte Wasserstoffsuperoxydlösung, II, 13. Infolge des ver-
änderten Standpunktes gebraucht man für Oxydation von H-verbindungen
den Ausdruck **Dehydrierung.**

5. Der Sauerstoff holt den Wasserstoff aus Verbindungen heraus,
dehydriert. Das Paraffin der Kerze besteht aus Kohlenstoff und Wasserstoff. Durch Wasserstoffentzug und weitgehende Aufspaltung der
großen Paraffinmolekel in kleine Stücke infolge der hohen Flammentemperatur entsteht vorübergehend Azetylen, eine sehr wasserstoff-
arme Kohlenstoffverbindung C_2H_2. Dieses zerfällt in der Hitze in Kohlenstoff und Wasserstoff, wobei auch beträchtliche Lichtenergie ausgesandt wird. Der glü-

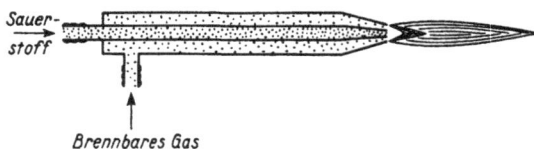

Sauer-
stoff

Brennbares Gas

Bild 15.

hende Kohlenstoff wird
schließlich in den äu-
ßeren Partien der
Flamme auch zu Koh-
lendioxyd verbrannt.

6. Die Wasserstoff-
Flamme ist, wie schon
erwähnt, sehr heiß. Im oberen Drittel erreicht sie eine Temperatur
von ungefähr 2000^0. Noch heißer ist aber die Knallgasflamme, d. h. die
Flamme, die beim obenerwähnten Versuch mit Knallgas entsteht. Der
Gebläsebrenner ermöglicht, Knallgas ohne Explosion abzubrennen und
die große Hitze so der Technik nutzbar zu machen. Dies wird dadurch
bewirkt, daß Wasserstoff nicht nur an der Luft verbrennt (außen),

---

[1]) In unserem Versuch der Wasserstoff, andere Reduktionsmittel s. bei
Thermit!

Eisenabguß in der Julienhütte

Oberste Arbeitsbühne für die Herstellung von Glasscheiben
durch „Ziehen" zwischen Walzen

sondern auch im Innern der Flamme an einer in die Flamme eingeblasenen Sauerstoffatmosphäre.

Wie aus dem auf S. 64 stehenden Bild 15 ersichtlich, besteht der Gebläsebrenner in der Hauptsache aus 2 ineinandergesteckten Rohren, einem äußeren, dem Zuleitungsrohr für Wasserstoff, das brennbare Gas, und einem inneren für Sauerstoff. An der gemeinsamen Mündung kann entzündet werden. Wie man sieht, haben die Rohre verschiedenes Volumen. Das äußere Rohr faßt doppelt soviel wie das innere Rohr. Auf diese Weise steht der Platz für das richtige Raumverhältnis 2 : 1 zur Verfügung. Sauerstoff und Wasserstoff strömen unter Druck in den Hahn. Daher spricht man von einem Knallgas g e b l ä s e. Mit dem Knallgasgebläse kann man Platin zum Schmelzen bringen. Richtet man die Spitze einer Knallgasflamme gegen ein Stück Kalk, z. B. ein Stück Kreide, so kommt es ins Glühen und erstrahlt in blendend weißem Lichte (Drummonds Kalklicht)[1]), früher für Intensivbeleuchtungen benützt.

Auf ähnliche Weise wie den Wasserstoff kann man auch andere brennbare Gase mit Sauerstoff in geeignetem Verhältnis mischen und zum sog. autogenen Schweißen verwenden, z. B. Azetylen, S. 12.

Wasserstoff findet als leichtestes Gas Anwendung zum Füllen von Luftschiffen. Das Gewicht eines Liters Wasserstoff beträgt 0,09 g, eine wichtige Zahl. 1 l Helium (S. 36) wiegt 0,18 g. Da 1 cbm Luft 1,29 kg wiegt, ist der Auftrieb eines cbm H_2 = 1,29 — 0,09 = 1,2 kg, eines cbm He: 1,29 — 0,18 = 1,1 kg. Weil das Edelgas auch mit Sauerstoff keine Verbindung eingeht, ist eine derartige Luftschiffüllung explosionssicher.

7. Die reduzierende Wirkung von Kohlenstoff wird uns noch S. 103 und 122 entgegentreten. Ferner sind unedle Metalle Reduktionsmittel, auch die Nichtmetalle Schwefel, Phosphor und Silizium. Aluminium besitzt eine größere Affinität zum Sauerstoff als die meisten anderen Metalle. Der mit der Reduktion eines Oxyds mittels Aluminium in fein verteiltem Zustand verbundene Oxidationsvorgang gestattet die außerordentlich hohe Temperatur von nahezu 3000⁰ zu erreichen. Deshalb kommt dem Thermitverfahren besondere Bedeutung zu. Im engeren Sinn versteht man unter **Thermit** ein Gemisch von Eisenoxyd- und Aluminiumpulver. Aber auch andere schwer reduzierbare Metalle, z. B. Chrom, Mangan, Kobalt, Vanadium können aluminothermisch hergestellt werden. Diese Umsetzungen sind weiterhin dafür beweisend, daß Verbrennungen, sogar in heftigster Weise, auch durch gebundenen Sauerstoff erfolgen (S. 62). Auch in der O_2-Molekel stehen die Atome nicht ungebunden zur Verfügung, sondern müssen erst aus der Molekel abgespalten werden, wozu ebenfalls Energie gebraucht wird. In Form des in der Oxydmolekel gebundenen, in festen Stoffen also verfestigten Sauerstoffs kann in diesem Fall eine rund 600 mal stärkere Konzentration (S. 19) zur Anwendung gebracht werden als mit gasförmigem Sauerstoff, ohne daß man diese hohe Konzentration durch Drucksteigerung erzwingen muß.

---

[1]) Die Gaslichtstrümpfe senden schon bei niedrigerer Temperatur helles Licht aus (S. 51!).

In einen mit Flußsand beschickten Porzellanteller wird ein Tontiegel gestellt und mit Thermit[1]) gefüllt. Obendrauf wird in einer „Grube" im Thermit $^1/_2$ Teelöffel voll Zündmischung [2]) angebracht, welches mit der entleuchteten Bunsenflamme entzündet wird. Mit heller Lichterscheinung findet innerhalb weniger Sekunden die Umsetzung: $3 \, Fe_3O_4 + 8 \, Al = 9 \, Fe + 4 \, Al_2O_3$ statt.

Da hier keine die Reaktionswärme wegführenden Gase entstehen, sondern weißglutflüssiges Eisen und geschmolzenes Aluminiumoxyd (Korund), steigt die Temperatur bis auf 2500⁰, eine Temperatur, welche sonst nur im elektrischen Lichtbogen erreichbar ist. Weil das Aluminium im Sauerstoff des Eisenoxyds verbrennt, also u n a b h ä n g i g   v o n   L u f t s a u e r s t o f f, kann man dem einmal in Gang gesetzten, sehr rasch ablaufenden Vorgang nicht Einhalt gebieten.

Der Vorgang verläuft sogar unter Wasserbedeckung und liefert durch thermische Spaltung Knallgas, II, 82. Zuspritzen von Wasser während des Versuchs ist deshalb explosionsgefährlich. Will man das Weitergreifen eines vom Experiment ausgehenden Brandes verhüten, so bedeckt man mit trockenem Sand. Nach dem Erkalten zerschlägt man das erstarrte Aluminiumoxyd und kann die Klumpen des reinen Eisens durch Anfeilen kenntlich machen.

Der Oxydationsvorgang wird dazu benützt, um auf kleinem Raume sehr schnell hohe Temperaturen zu erzielen, z. B. beim Thermitschweißen von Straßenbahnschienen, wo das durch den Reduktionsvorgang erhaltene flüssige, reine Eisen ebenfalls erwünscht ist, so daß hierbei also beide Seiten der chemischen Reaktion ausgenützt werden.

17. Natronlauge, Ätznatron.

Trotzdem Wasser Lackmusfarbstoff nicht verändert, liegt der Gedanke nahe, bei ihm das Verhalten als Säure zu vermuten. Ersetzt man, zunächst in der Formel auf dem Papierblatt, die 2 Wasserstoffatome durch Metalle, so erhält man allerdings keine Salze, sondern Oxyde, Der Ersatz durch Metalle gelingt nun wirklich bei Einwirkung von Wasserdampf auf Zink und Eisen bei hoher Temperatur, worauf wir II, 81 zurückkommen werden. Die Vermutung, daß mit noch unedleren Metallen der Ersatz schon im flüssigen Wasser bewirkt werden kann, bestätigt sich an dem Verhalten des Natriums und Kaliums gegen Wasser. Weil aber das dabei zu erwartende Natriumoxyd sich im Entstehungszustande schon im Wasser befindet, besteht die Wahrscheinlichkeit, daß dieses mit Wasser noch eine weitere chemische Änderung erleidet. Haben wir doch schon beim Rosten des Eisens (S. 49) festgestellt, daß dabei nicht das Oxyd allein entsteht, sondern eine Verbindung, welche auch die Bestandteile des Wassers enthält.

In diesem Zusammenhange müssen wir auf die bei der Verbrennung erhaltenen Nichtmetalloxyde P_2O_5 und SO_2 und die Benennung S a u e r s t o f f zurückkommen. Beide Stoffe und noch andere N i c h t m e t a l l o x y d e lösen sich in Wasser zu „sauren" Verbindungen.

Diese Beobachtung hat Lavoisier (S. 42) zur Namenserteilung veranlaßt. Seit dieser Zeit führt die Verbrennungsluft den eigentlich falschen Namen

---

[1]) Gemenge von schwarzem Eisenoxyd (Hammerschlag) und Aluminiumpulver im Verhältnis von 3,22 : 1.

[2]) Gemenge von Bariumsuperoxyd und Magnesiumpulver (7 : 1).

Sauerstoff. Nach der Worterklärung für „Säure" (S. 59) muß in diesen sauer schmeckenden Stoffen Wasserstoff enthalten sein. Unter den gegebenen Bedingungen kann aber nur aus Wassermolekeln Wasserstoff in die Oxydmolekel eingetreten sein. Und zwar muß die c h e m i s c h e L ö s u n g eine glatte Vereinigung sein; denn sie findet ohne Gasentwicklung statt im Gegensatz zu der S. 59 behandelten chemischen Lösung von Zink. (Formulierung s. S. 75, 92 und 105!)

Wir stellen als Regel fest: **Oxyde in Berührung mit Wasser und besonders „wasserlösliche" Oxyde bilden durch einen Vereinigungsvorgang Molekeln, welche die Bestandteile des Wassers enthalten.**

Die Entdeckung des Natriummetalls und des ihm ähnlichen Kaliums haben zu Beginn des 19. Jahrhunderts eine ähnliche Sensation ausgelöst wie die Röntgenstrahlen am Ende desselben. Die beiden Metalle sind leichter als Wasser und besitzen an frischen Schnittflächen[1]) Silberglanz, der an der Luft durch Einwirkung des Luftsauerstoffs rasch matt wird. U n t e r Benzin, P e t r o l e u m oder Benzol a u f b e - w a h r t , sind sie unbegrenzt haltbar. Diese Flüssigkeiten bestehen aus Kohlenstoff und W a s s e r s t o f f , was für unseren Versuch insofern wichtig ist, als daraus hervorgeht, daß der Angriff auf die Wassermolekel nicht am Wasserstoff allein erfolgt, sondern durch die Anwesenheit von Sauerstoff mit verursacht wird.

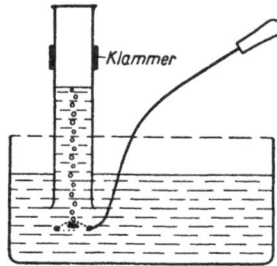

Bild 16.

In d ü n n e n S c h e i b e n auf Wasser geworfen eilen sie in lebhafter Bewegung, durch die Reaktionswärme zu Kugeln geschmolzen, darauf umher, das N a t r i u m o h n e Flammenerscheinung, solange es in seiner Bewegung nicht gehemmt wird (etwa durch ein vorher eingelegtes Stück Filtrierpapier), das K a l i u m m i t v i o l e t t e r Flamme. Die Bewegung rührt von dem entwickelten Wasserstoff her, der die Metalltropfen in ähnlicher Weise umhertreibt wie der Wasserdampf die Wassertropfen auf einer heißen Herdplatte. Die Flamme bei Kalium ist eine duch Kaliumdämpfe gefärbte Wasserstoff-Flamme (hier wird durch die Reaktionswärme sogar die Entzündungstemperatur des Wasserstoffs erreicht). Das gehemmte Natrium v e r b r e n n t m i t i n t e n s i v g e l b e r F l a m m e.

Fängt man mit Hilfe eines Sieblöffels den Natriumtropfen ein und drückt ihn unter einen vollständig mit Wasser gefüllten, weiten Glaszylinder, so erhält man mittels verhältnismäßig wenig Natrium große Mengen Wasserstoff (Bild 16).

Man führt wie in Bild 17 eine brennende Kerze ein. Der Wasserstoff wird entzündet und brennt da, wo er mit der Luft in Berührung kommt. Die Flamme sieht man auf weite Entfernungen, da sie durch geringe Mengen „vernebelter" Natriumverbindungen gelb gefärbt ist. Die K e r z e e r l i s c h t im Innern des Zylinders: Wasserstoff ist wohl brennbar, unterhält aber die Verbrennung nicht. Beim Zurückziehen entzündet sich die Kerze wieder am brennenden Wasserstoff. Auch das Umgießen von Wasserstoff bei „verkehrt" gehaltenen Zylindern läßt sich mit den größeren Gasmengen gut zeigen. Bild 14 a, S. 61.

Das Wasser enthält nunmehr eine chemische Verbindung, welche **Lackmus bläut, also ein der Säure gerade entgegengesetztes Verhalten zeigt.** Wenn man das eingeworfene Natrium-

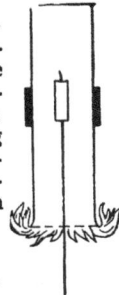

Bild 17.

─────────

[1]) Sie sind wachsweich und können also leicht mit einem t r o c k e n e n Messer geschnitten werden.

stück vorher sorgfältig mit Filtrierpapier vom Petroleum gereinigt hat, ist der G e s c h m a c k laugenhaft brennend (wie Seifenwasser oder Sodalösung). Beim Reiben zwischen den Fingern fühlt sich die Lösung schmierig [1]) an, während Säuren sich rauh oder „stumpf" anfühlen: Wir haben jetzt je nach der Menge Natrium, die man genommen hat, eine mehr oder weniger verdünnte **Natronlauge.** Wenn man an Stelle von Lackmus einen anderen Indikator [2]) nimmt, sieht man die vom Natrium ausgehende Bildung der Natronlauge sehr deutlich. Man setzt dem reinen Leitungswasser etwas alkoholische Phenolphthaleïnlösung zu, welche das Wasser nur schwach milchig-weiß trübt, da Phenolphthaleïn in Wasser nahezu u n l ö s l i c h ist. Beim Einwerfen von Natrium sieht man von ihm ausgehend r o t g e f ä r b t e S t r ö m e v o n N a t r o n l a u g e niedersinken (vgl. S. 23!).

Bläuung von Lackmus und Rötung von Phenolphthaleïn zeigen also laugenhafte Reaktion an, wofür man auch die Ausdrücke alkalisch oder basisch gebraucht. Im Gegensatz dazu zeigt die Rötung von Lackmus und die Entfärbung von Phenolphthaleïn saure Reaktion an.

Formulierung:

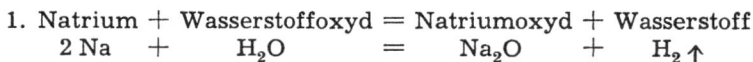

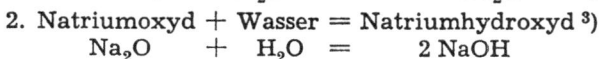

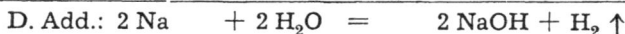

1. Natrium + Wasserstoffoxyd = Natriumoxyd + Wasserstoff

$$2\,Na \quad + \quad H_2O \quad = \quad Na_2O \quad + \quad H_2\uparrow$$

2. Natriumoxyd + Wasser = Natriumhydroxyd [3])

$$Na_2O \quad + \quad H_2O \quad = \quad 2\,NaOH$$

D. Add.: $2\,Na \quad + 2\,H_2O \quad = \quad 2\,NaOH + H_2\uparrow$

Ähnlich wie das Zink in der Salzsäure (S. 58) hat sich das Natrium im Wasser **chemisch** gelöst. Es ist nunmehr in der wäßrigen Lösung als Bestandteil eines neuen Stoffes enthalten. Dampft man die durch Einwirkung von Natrium auf Wasser gewonnene Lösung von Natriumhydroxyd = Natronlauge in eisernen Gefäßen oder noch besser in einer Silberschale [4]) ein, so erhält man einen in der Kälte festen Stoff, das **Natriumhydroxyd,** bekannt unter dem Namen **Ätznatron, Seifenstein oder Laugenstein** [5]), welcher in Stangen, Platten oder Schuppen in den Handel kommt, im großen allerdings in anderer Weise hergestellt wird als bei unserem Versuch. Es wird verwendet zur S e i f e n h e r s t e l - l u n g , in der Farben- und Textilindustrie sowie zur H e r s t e l l u n g

---

[1]) Wie Leimlösung, infolge der Zerstörung eines Teiles der hornigen Oberhaut.

[2]) = Stoffe, welche durch eine auffallende Farbänderung den Ablauf einer Reaktion dem Auge sichtbar machen, wodurch man hier der Notwendigkeit der Geschmacksprüfung enthoben wird. Indikator = Anzeiger (lat.).

[3]) Die Gruppe OH heißt Hydroxyl (s. S. 62), die Verbindungen dieser Gruppen heißen Hydroxyde.

[4]) Glas ist unbrauchbar, da es von der konz. Natronlauge angegriffen wird.

[5]) Entfernen von Farbresten im Malergewerbe (A b l a u g e n).

von Kunstseide und Zellwolle. — Andere Formulierung des Vorgangs (2):

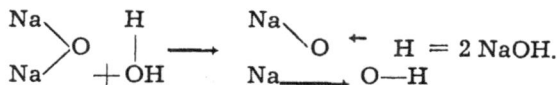

$$\begin{array}{ccc} \text{Na} \diagdown & \text{H} & \text{Na} \diagdown \\ \qquad \text{O} & | & \longrightarrow \qquad \text{O} \leftarrow \text{H} = 2\,\text{NaOH.} \\ \text{Na} \diagup & +\text{OH} & \text{Na} \longrightarrow \text{O—H} \end{array}$$

Im Teil II wird gezeigt, daß die nach obigen Ausführungen an sich berechtigte Formulierung zu umständlich ist. Die H_2O-Molekel gehört nämlich zu den Stoffgruppen, bei denen eine weitere Unterteilung schon vorgebildet ist. Das Natrium kann sich deshalb ohne Erzeugung des Zwischenproduktes Na_2O unmittelbar mit dem s a u e r s t o f f haltigen Wasserteilchen, der Hydroxylgruppe, verbinden unter Verdrängung des Wasserstoffs. (Vgl. S. 59):

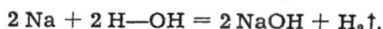

$$2\,\text{Na} + 2\,\text{H—OH} = 2\,\text{NaOH} + H_2\uparrow.$$

18. Kochsalz.

Der Name kommt davon her, daß es durch Einkochen konzentrierter Lösungen („Solen") gewonnen wird, wird aber auch so gedeutet, daß es zum Kochen im Haushalt verwendet wird. Zum Teil geschieht dies zur Geschmacksverbesserung, zum Teil ist es eine Lebensnotwendigkeit namentlich bei überwiegender Pflanzenkost (Kartoffel!). Uralte Sitten weisen darauf hin (z. B. dem Gaste Brot und Salz vorzulegen). Auch ist es kein Zufall, daß wir in der Vorgeschichte von einer Hallstattperiode [1]) sprechen. Das dortige Steinsalzvorkommen führte zu einer Anhäufung von Menschen und frühzeitigen Kulturentwicklung. Der Salzgewinnung und dem Salzhandel kam zu allen Zeiten eine große Bedeutung zu (Gründung Münchens). Gewaltige Vorräte sind im Meerwasser vorhanden, welches 2,6—2,9 % Kochsalz enthält [2]) und in den Salzlagerstätten (den Verdunstungsrückständen ehemaliger, vorzeitlicher Meeresteile). Außer dem alpinen Vorkommen besitzen wir in der Norddeutschen Tiefebene reichhaltige Steinsalzlager, deren Bedeutung [3]) sehr spät entdeckt wurde. Hat man doch noch im 18. Jahrhundert französisches „Meeressalz" auf dem Seewege nach Norddeutschland eingeführt. Ein Teil des gewonnenen Salzes [4]) wird für Speisezwecke verbraucht, zu denen auch das Haltbarmachen von Fleisch- und Fischwaren gehört, der andere wird in der chemischen Großindustrie zur Herstellung von Natriumverbindungen und deren Nebenprodukten verwendet, z. B. Soda, Salzsäure, Chlor, II, 55. Viehsalz ist durch Zusätze für den Menschen ungenießbar gemachtes, steuerermäßigtes Kochsalz.

---

[1]) Vergleiche die Ortsnamen Hallein, Reichenhall usw., welche mit Salz (gr. hals) zusammenhängen.

[2]) Neben Kochsalz sind im Meerwasser noch Kalium-, Magnesium- und Kalziumsalze gelöst, ferner in Spuren Salze zahlreicher anderer Elemente, auch Gold (vgl. S. 129!).

[3]) Auf die norddeutschen Kalisalze wird II, 56 eingegangen.

[4]) Siedesalzerzeugung in deutschen Salinen 1936: 574 500 t.

Übg.: Man erhitzt etwas Speisesalz in einem Reagierglas. Unter Knistern (kleinen „Explosionen") zerspringen die Salzkristalle zu feinem Pulver. Gleichzeitig tritt ein g e r i n g f ü g i g e r Tröpfchenbeschlag an den kalten Teilen des Rgl. auf.

E r k l ä r u n g : Von der Fabrikation des Speisesalzes (Aussieden) her ist in den Salzkristallen etwas Kristallisationsmutterlauge eingeschlossen, welche sich beim Erhitzen in Dampf verwandelt, die Kristalle zersprengt und sich an den kalten Teilen niederschlägt. Deshalb hört das Knistern sehr bald auf.

Da die Schmelzpunkte des Kochsalzes und des Glases nahe beieinanderliegen, bringt man das verknisterte Salz auf ein Kupferblech und glüht schließlich in der rauschenden Bunsenflamme. Bei heller Rotglut verdampft das Kochsalz zum Teil: Die Flamme wird intensiv gelb gefärbt. Wir bemerken ein eigentümlich fahles Aussehen der Gesichter im „N a t r i u m - l i c h t". Beim Herausnehmen aus der Flamme sieht man den Dampf (Nebel) aufsteigen. Das in der Luft des Raumes schwebende, fein verteilte Kochsalz färbt nun die Bunsenflamme „von selbst" gelb. Beim Erkalten beobachtet man auch mit dem bloßen Auge deutlich erkennbare Kristallisation. Weitere Untersuchung des Kolchsalzes und analytischer Nachweis II, 19. Vgl. auch S. 67!

Ergebnis: Flammenfärbungen kann man zur Erkennung von Elementen verwenden, worauf wir öfter zurückkommen werden (Spektralanalyse). Die Anwesenheit des Kupfers stört in diesem Falle nicht. A n w e n d u n g : Feuerwerk, farbige Lichtsignale durch Raketen.

Nach dem Ergebnis des Glühversuches ist es unwahrscheinlich, daß Kochsalz Sauerstoff und die Bestandteile des Wassers enthält (vgl. S. 45 und 67!). Daß es nur aus dem bisher festgestellten Natrium und Chlor (vgl. S. 58!) besteht, also Natriumchlorid ist, wird durch den Versuch: K ü n s t l i c h e H e r s t e l l u n g v o n K o c h s a l z i n w ä ß - r i g e r L ö s u n g , nachgewiesen.

Übg.: Die mit Phenolphthaleïn gefärbte Natronlauge (S. 68) wird in einer Porzellanschale unter Rühren mit einem Glasstab so lange mit verdünnter Salzsäure tropfenweise versetzt, bis eben Entfärbung auftritt. Der saure [1]) Geschmack der Salzsäure und der alkalische der Natronlauge ist verschwunden. Die Lösung schmeckt salzig. Beim Eindampfen auf dem Wasserbade bis zur Trockne erhält man eine aus den Würfeln des Kochsalzes[2]) bestehende, körnige Masse (Salzkruste).

E r g e b n i s : Wie im Versuch S. 59 wird die Säure verbraucht, und zwar hier durch die Natronlauge, was zu demselben Ergebnis führt: **Neutralisation unter Salzbildung.**

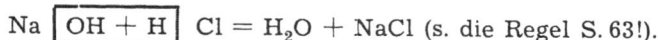

$$Na \boxed{OH + H} Cl = H_2O + NaCl \text{ (s. die Regel S. 63!).}$$

Während bei der Neutralisation durch das Metall die Ausstoßung des Gases Wasserstoff der ausschlaggebende Grund ist, wie wir später bei der Elektrochemie hören werden, ist es hier d i e B i l d u n g v o n W a s s e r a u s d e m S ä u r e w a s s e r s t o f f u n d d e r H y d r o -

---

[1]) Im gewöhnlichen Sprachgebrauch wird häufig sauer = salzig gebraucht. Man denke bei sauer an Essig und bei salzig an die versalzene Suppe.

[2]) Welche unter dem Mikroskop und schon unter der Lupe erkennbar sind.

x y l g r u p p e. Wir wissen, daß die Indikatoren Phenolphthaleïn und Lackmus gegen reines Wasser unempfindlich sind. Wenn nun der vorhandene Säurewasserstoff zusammen mit der Hydroxylgruppe in der Wassermolekel verschwindet, wird der Neutralisationspunkt erreicht. Von der Wasserbildung rührt auch die Neutralisationswärme her, die leicht durch Befühlen feststellbar ist, wenn die Lösungen der Säure und der Lauge nicht zu verdünnt sind (beide etwa 10 proz.).

Ähnlich wie die Salzbildung unter Wasserstoffentwicklung nicht auf Zink und Salzsäure beschränkt ist, kommt der Kochsalzbildung aus Natronlauge und Salzsäure eine allgemeine Bedeutung zu als Beispiel der **Umsetzungsreaktion: Base + Säure = Wasser + Salz.**

Aus der Formel des Kochsalzes können wir ablesen: **Salze sind zweiteilige (binäre)** [1]) **Stoffe. Sie enthalten je einen Rest der Säure und der Base.**

B e s o n d e r s w i c h t i g ist, daß es sich nicht um eine Vereinigung, sondern u m e i n e U m s e t z u n g handelt [2]). Würden die Bestandteile des Wassers in die Salzmolekel eintreten, so müßte man beim Erhitzen des trockenen Kochsalzes Wasser in größeren Mengen erhalten. Ferner ist wesentlich, daß die Hydroxylgruppe als ganzes reagiert. Wäre dies nicht der Fall, so müßte man eine sauerstoffhaltige Verbindung unter Wasserstoffentwicklung oder eine wasserstoffhaltige unter Sauerstoffentwicklung bekommen, also Gasentwicklung bemerken, was bei r e i n e r Natronlauge in unserem Beispiel nicht der Fall ist.

Worterklärung: Unter Basen versteht man Hydroxylverbindungen, deren Hydroxyl durch Säurereste ersetzt werden kann. In wäßriger Lösung schmecken sie brennend-laugenhaft und bläuen roten Lackmusfarbstoff.

Base kommt vom griechischen Wort basis = Grundlage (ergänze: der Salzbildung). Manche Salze kann man durch Erhitzen in Metalloxyd und Nichtmetalloxyd spalten, wenn nämlich letzteres sich dabei verflüchtigt: $CaCO_3$ (auf 850⁰ erhitzt) $\rightarrow CaO + CO_2 \uparrow$. Dieser Vorgang wird gewerblich als Kalkbrennen bezeichnet. Das zurückbleibende Metalloxyd hat man wegen seiner Beständigkeit gegen hohe Temperaturen als die Grundlage des Salzes aufgefaßt. Durch Zusammenbringen mit Wasser wird der „gebrannte" Kalk „gelöscht", wobei unter sehr starker Selbsterwärmung die eigentliche Base entsteht. $CaO + H_2O$ $\rightarrow Ca(OH)_2$ (gelöschter Kalk); genauere Angaben II, 113, Übg. 36; vgl.

---

[1]) Lat. bini = je zwei.
[2]) Das gebildete Wasser entzieht sich wegen der wäßrigen Lösung der direkten Wahrnehmung. Bei der Durchnahme der Mörtelstoffe werden wir einen Fall kennenlernen, in dem sich das Salzbildungswasser sogar sehr unangenehm bemerkbar macht.

auch II, 37! Die wäßrigen Lösungen von Basen werden häufig als
L a u g e n bezeichnet. Weitere Arten der Salzbildung werden wir II, 87
kennenlernen. Besonders zu beachten ist, daß es sich bei Säuren, Basen
und Salzen nach obigen Worterklärungen um zweiteilige (binäre) Stoffe
handelt. Die Folgerungen daraus werden im Abschnitt Elektrochemie
II, 50 gezogen. Vgl. auch S. 56!

V. Großgewerblich wichtige Verbindungen der Elemente Schwefel, Stickstoff und Phosphor

19. Schwefel

Sulfur, S, Atomgewicht 32,06. V o r k o m m e n : Schwefel kommt,
mehr oder weniger verunreinigt durch beigemengte andere Mineralien,
als Element und in Verbindungen vor. Elementaren Schwefel findet
man in vulkanischen oder ehemals vulkanischen Gegenden Unter-
italiens, so bei Girgenti, Catania usw. Die größten Schwefellager sind
jedoch in Nordamerika. Für die G e w i n n u n g des Rohschwefels wird
die leichte Schmelzbarkeit zur Trennung von den Begleitmineralien
ausgenützt. In Sizilien werden den Holzkohlenmeilern ähnliche „Cal-
caroni" aufgeschichtet und angezündet. Der brennende Teil ($^1/_4$) schmelzt
die Hauptmenge, welche unten abfließt. Dabei wird in Kauf genommen,
daß für die Vegetation außerordentlich schädliches SO_2 in großen
Mengen entsteht. In Amerika wird das Lager durch eine Bohrung auf-
gesucht, mit gespanntem Wasserdampf von 170⁰ geschmolzen und mit
Preßluft in schon nahezu reinem Zustand aus dem Bohrloch empor-
gedrückt.

Zur Reinigung wird der Rohschwefel nicht nur geschmolzen, sondern
in großen, gußeisernen Retorten (S. 97 und Bild 9, S. 44) zum Sieden
erhitzt. Der Schwefeldampf wird in große, mehr als 500 m³ fassende,
gemauerte Kammern geleitet. Bei dieser Destillation erhält man neben
flüssigem Schwefel, welcher in Stangenform gegossen wird, außerdem
„Schwefelblumen" infolge unmittelbaren Übergangs aus dem gasförmigen in den festen Zustand; vgl. die „Eisblumen" an Fenstern im
Winter, welche ebenfalls durch unmittelbaren Übergang des Wasser-
dampfs in Eis entstehen.

Die Verwendung von eisernen Reaktionsgefäßen scheint in Widerspruch
mit der Übg. FeS (S. 27) zu stehen. Allein Gußeisen ist stofflich etwas anderes wie das dort angewandte r e i n e Fe und ein weiterer Unterschied ist
der dortige Pulverzustand und hier die fest zusammenhängende, dicke Re-
tortenwandung. Angegriffen wird auch diese durch den Schwefel, aber erst
bei langem Gebrauch.

E i g e n s c h a f t e n : Der Schwefel besitzt das spezifische Gewicht 2, die Härte 2,5 und Fettglanz, an den Kanten durchscheinend. Er ist g e r u c h - und geschmacklos. Die Feststellung, es riecht bei Nebel in Großstädten nach Schwefel, ist also ungenau. Es riecht in Wirklichkeit nach v e r b r a n n t e m Schwefel, da alle Kohlen s c h w e f e l h a l t i g sind; s. S. 99, Gasreinigung!

Schwefel ist kein Leiter für die Elektrizität, wird aber beim Reiben elektrisch, z. B. beim Pulverisieren. Wenn man mit einem Messer durch das Pulver fährt, springt es durcheinander und haftet am Metall.

V e r w e n d u n g : Schwefel wird zur Herstellung von Schwarzpulver, Brandsätzen, Schwefelkohlenstoff [1]) und anderen für die Industrie wichtigen Schwefelverbindungen z. B. Thiosulfat und Ultramarin, als Zusatz zu Kautschuk (Vulkanisieren), gegen den Traubenpilz (Rebschwefel) und andere Pilzkrankheiten in großen Mengen verwendet. Biochemisch wichtig ist S als Bestandteil lebensnotwendiger Eiweißarten und des Vitamins B_1, III, 132 und 134.

Die Hydrierungsverfahren für Benzin- (S. 103) und Ammoniakherstellung (S. 87) erfordern die vollkommene Befreiung der verwendeten Gase von Schwefelverbindungen. Die Gasreinigung wurde zur Gewinnung von elementarem Schwefel nach besonderen Verfahren ausgestaltet, so daß in den letzten Jahren die Schwefel-Einfuhr herabgesetzt werden konnte. (Vgl. auch II, 78!

Wie häufig Oxyde, so kommen auch viele Metall-Schwefelverbindungen als **Mineralien** in der Natur vor, die nach ihrem Aussehen in Kiese (helle Farbe, Metallglanz), Glanze (dunkelgrau, Metallglanz) und Blenden eingeteilt werden. Letztere besitzen besonders starken Nichtmetallglanz bis zum Diamantglanz, z. B. die Zinkblende ZnS (S c h w e f e l - z i n k); ferner S c h w e f e l q u e c k s i l b e r HgS, als Mineral leuchtend rot: **Zinnober.**

Bleiglanz ist nichts weiter als Schwefelblei PbS, Bildtafel; Grauspießglanz ist Antimonsulfid Sb_2S_3 (vgl. S. 46!). Kupferglanz Cu_2S ist im Mansfelder Kupferschiefer enthalten.

Das wichtigste Ausgangsmaterial für die Herstellung der Schwefelsäure ist der **Pyrit** oder **Eisenkies**, auch **Schwefelkies** genannt, FeS_2. Er hat eine hellgelbe Farbe und eine so große Härte, daß er am Stahl Funken liefert (Name, pyr = Feuer). Vgl. S. 39 und 77!

Ein wichtiges Kupfererz ist der **Kupferkies** $CuFeS_2$, von Pyrit unterschieden durch die ins Grünliche spielende Farbe und die geringere Härte (H. $3^{1/2}$—4).

In den meisten Schwefelmineralien ist das sehr giftige Element Arsen enthalten. Vgl. S. 81! Bei ihrer weiteren Verarbeitung gelangen dadurch Arsenverbindungen in zahlreiche Industrieroherzeugnisse. Dies ist auch der Grund für die Warnung auf S. 58.

---

[1]) s. Kunstseide und Zellwolle III, 107 und 143!

Übg.: 1. Schwefelpulver in einem Rgl. l a n g s a m unter Umschütteln erhitzt, schmilzt (bei 114⁰) zu einer honiggelben, leicht beweglichen Flüssigkeit,
aus welcher beim Abkühlen kristallinische Erstarrung eintritt, deutlich erkennbar durch Beobachtung eines an einem Glasstab hängenden Tropfens.
Der Tropfen bleibt beim Erstarren nicht rund, sondern zeigt eckige, glänzende Flächen. Bei höherer Temperatur wird die Schmelze dunkelbraun und
zäh wie Harz, so daß beim Umkehren des Gefäßes nichts herausläuft. Bei
Temperaturen nahe am Sieden (444⁰) wird die Schmelze wieder dünnflüssig
(brodelndes Geräusch beim Sieden) und kann in Wasser (in einem Becherglas) gekippt werden. Dieser aus dem zweiten, dünnflüssigen Zustand rasch
abgekühlte Schwefel erstarrt nicht kristallinisch, sondern a m o r p h[1]) zu
einer braunen, fadenziehenden Masse, welche nach tagelangem Stehen wieder in den kristallinischen Zustand übergeht.
E r g e b n i s : Der Schwefel tritt in sehr vielen Modifikationen (Formen) auf,
da er zahlreiche Molekeln (S_2, S_3, S_4, S_6) bildet. Die Molekularformel des
kristallisierten Schwefels ist S_8.
2. Wirft man in den siedenden Schwefel dünne Kupferblechstreifen, so bemerkt man ein lebhaftes Erglühen und erhält nach dem Erkalten an Stelle
des geschmeidigen Metalls eine schwarze, bunte Anlauffarben aufweisende
zerbrechliche Masse.
Man mischt 1 Teil Schwefelpulver und 2 Teile Zinkstaub, häuft das Gemenge auf einem Asbestdrahtnetz und erhitzt zur Einleitung der Reaktion.
Mit grell leuchtender Flamme u n d s t a r k e r N e b e l b i l d u n g erhält
man ein in der Hitze gelbes, in der Kälte weißes Reaktionsprodukt (vgl.
auch S. 26 u. 41!).
Ergebnis: **Schwefel verbindet sich direkt mit Metallen.** Die dabei entstandenen **Sulfide** erinnern an die entsprechenden Oxyde. Wir haben bis jetzt
demnach 3 Beispiele für die Grundform „Vereinigung" kennen gelernt:
Oxydieren, Hydrieren und Schwefeln. Formulierungen:

$$2\,Cu + S = Cu_2S; \quad Zn + S = ZnS; \quad FeS \text{ s. S. 29.}$$

20. Schwefeldioxyd

V e r w e n d u n g : Schwefeldioxyd wird zum Ausschwefeln von
Fässern, zur Ungezieferbekämpfung (Wanzen), zum Bleichen von Wolle,
Seide, Federn, Schwämmen und Strohhüten verwendet.

Übg.: In einem sog. Phosphorlöffel (Bild 10 a, S. 47) wird Schwefel
an der Bunsenflamme entzündet. Er brennt mit kaum bemerkbarer,
blauer Flamme. Das unsichtbare Verbrennungsprodukt riecht und
schmeckt stechend sauer und rötet a n g e f e u c h t e t e s , blaues Lackmuspapier.

E r k l ä r u n g : Der Schwefel verbrennt nach der Gleichung $S + O_2$
$= SO_2$ zu Schwefeldioxyd, einem farblosen Gas. Die geringen bemerk-
baren Nebel stammen von dem s p u r e n w e i s e entstandenen Schwefeltrioxyd (SO_3)[2]). Die saure Reaktion des SO_2-Gases rührt davon her,

---

[1]) gr. ámorphos = gestaltlos, ohne Richtungszwang erstarrend, hier nicht
kristallisiert.
[2]) Praktische Bedeutung: Bei langer Einwirkung greifen auch diese Spuren
Metalle stark an. Daher ist in der Benutzungsordnung für kupferne Wasch-
kessel und Badeöfen häufig verboten, mit Kohlen zu heizen. Vielmehr soll
zur Metallschonung Holz verwendet werden.

daß es sich mit der Feuchtigkeit der Schleimhäute von Nase und Mund und auch des Lackmuspapieres zu schwefliger S ä u r e verbindet:

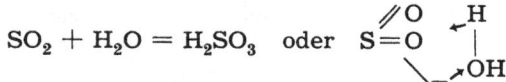

$$SO_2 + H_2O = H_2SO_3 \quad \text{oder} \quad S {=\!\!=} O \begin{array}{c} \nearrow O \\ \end{array} \begin{array}{c} H \\ | \\ OH \end{array}$$

Beim „Lösen" in Wasser entsteht also durch Vereinigung eine neue Molekel, nämlich H_2SO_3. Vgl. S. 66! Da die Lösung nach SO_2 riecht und letzteres aus dem Wasser durch Kochen wieder entfernt werden kann, sind wir berechtigt, die Gleichung anders zu schreiben, nämlich H_2SO_3 minus H_2O gibt SO_2. Da also SO_2 aus H_2SO_3 durch Wasser v e r - l u s t entstehen kann, bezeichnet man SO_2 auch als Schwefligsäure-A n h y d r i d.

Wir stoßen zum ersten Male auf einen **unvollständig verlaufenden Vorgang**, bei welchem sich das **„Reaktionsgleichgewicht" mit der Temperatur verschiebt**. Deshalb wählt man für ihn auch die Schreibweise mit Pfeilen:

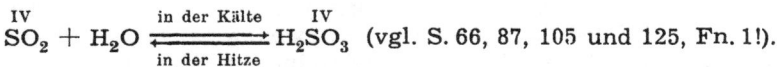

$$\overset{\text{IV}}{SO_2} + H_2O \underset{\text{in der Hitze}}{\overset{\text{in der Kälte}}{\rightleftharpoons}} \overset{\text{IV}}{H_2SO_3} \quad \text{(vgl. S. 66, 87, 105 und 125, Fn. 1!).}$$

Neutralisiert man mit Natronlauge, so verschwindet der Geruch nach SO_2 vollständig. $H_2SO_3 + 2\,NaOH \rightarrow 2\,H_2O + Na_2SO_3$. Die Salze der schwefligen Säure heißen **Sulfite**. Sie besitzen große technische Bedeutung (Sulfitzellstoff, III, 109) und werden auch in der Photographie angewandt, II, 126.

21. Schwefeltrioxyd und Schwefelsäure.

Schwefeldioxyd kann sich, wie schon kurz erwähnt, mit noch einem Atom Sauerstoff verbinden entsprechend der Gleichung: $2\,SO_2 + O_2 = 2\,SO_3$. Dies geht nun in einem Gemenge von Schwefeldioxyd und Luft oder Sauerstoff weder bei gewöhnlicher [1]) noch bei höherer Temperatur mit n e n n e n s w e r t e r Geschwindigkeit von-statten. Leitet man

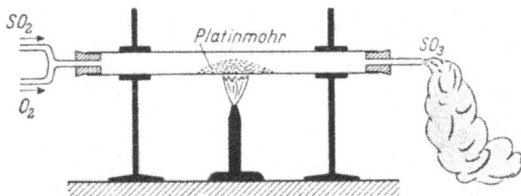

Bild 18.

---

[1]) In wäßriger Lösung wird Luftsauerstoff erst nach mehreren Tagen, am Verschwinden des Geruchs bemerkbar, aufgenommen, z. B. in Vorratsflaschen von schwefliger Säure, die wenig Flüssigkeit und daher viel Luft enthalten. Verdrängen der Luft durch jeweiliges Auffüllen bis zum Glasstöpsel mit destilliertem Wasser macht die schweflige Säure trotz der Verdünnung haltbarer.

aber das Gasgemisch durch ein **schwach** glühendes Rohr aus schwer schmelzbarem Glase, das fein verteiltes Platin (Platinmohr) auf Asbest enthält, so bilden sich dicke, weiße Nebel, die stark zum Husten reizen und sich in einer mit Kältemischung gekühlten Vorlage verdichten lassen. Der Platinmohr wirkt als Beschleuniger, als Katalysator. Dabei müssen wir uns stets bewußt bleiben, daß ein Katalysator nur einen, wenn auch nur in sehr geringem Ausmaße, bereits im Gang befindlichen Vorgang beschleunigen kann (s. S. 74, Fußnote). Der Grund dafür, daß in der Flamme nur Spuren von SO_3 gebildet werden, liegt in der Wärmespaltung. Das aus 4 Atomen bestehende SO_3 ist in der Hitze weniger beständig als die aus 3 Atomen bestehende SO_2-Molekel: $2\,SO_3 = 2\,SO_2 + O_2$. Demgemäß müßten wir die Gleichung ähnlich wie auf S. 75 schreiben: $2\,SO_3 \rightleftharpoons 2\,SO_2 + O_2$.

Man leitet die Schwefeltrioxydnebel in einen Glaskolben, auf dessen Boden sich Wasser befindet und läßt, mit einem Uhrglas bedeckt, stehen. Eine Probe schmeckt stark sauer. Die Prüfung mit Lackmuspapier ergibt Rötung. Es findet ein analoger Vorgang statt wie bei der Bildung der schwefligen Säure, der zu einer zweiten Säure des Schwefels führt: $SO_3 + H_2O = H_2SO_4$. **Schwefelsäure** H_2SO_4 besitzt ein Sauerstoffatom mehr als H_2SO_3, die schweflige Säure. Erstere enthält VI-wertigen, letztere IV-wertigen Schwefel.

In Glasröhren eingeschlossen, ist SO_3 eine weiße, faserige Masse. Die Glaswände sehen wie von „Eisblumen" überzogen aus. Je nach der Molekelgröße hat es verschiedene, ziemlich niedrige Schmelzpunkte. Das niedrig schmelzende siedet bei 45°. An der Luft sublimiert es sehr stark und stößt weiße Nebel aus.

Zu beachten ist: Das SO_3 nebelt nur an der Luft. Im Raume der Glasröhre nach dem Platinmohr ist schon SO_3 vorhanden, aber als unsichtbares Gas; vgl. S. 17! Was man also sieht, ist nicht SO_3, sondern schon das Umsetzungsprodukt mit dem in der Luft enthaltenen Wasserdampf, also nebelförmige Schwefelsäuretröpfchen.

In den Molekelpaketen (S. 25) eines Nebels ist die aktive Bewegung der einzelnen Molekeln durch die Zusammenhangskraft gelähmt. Die Tröpfchen oder Stäubchen tragen gleichartige elektrische Ladungen, die durch ihre Abstoßung die Verklumpung der Teilchen hemmen. Sie sind so klein, daß ihnen durch auftreffende Molekeln der die Luft zusammensetzenden Gase eine passive Bewegung erteilt wird, welche sie in der Luft schwebend erhält. Aber die Auflösung des Nebels in die einzelnen, unsichtbaren Molekeln beansprucht eine bestimmte Zeit, bei H_2SO_4-Tröpfchen länger als bei gewöhnlichem Nebel aus Wassertröpfchen (Dampf aus Lokomotiven). Der Tabaksrauch enthält feine, durch Verschwelen[1]) erzeugte Teertröpfchen. Trotzdem werden diese durch Wasser zum größten Teil nicht verschluckt (türkische Wasserpfeife), dagegen kleben sie sehr gut in feinen Geweben fest (Bräunung der Fenstervorhänge). Aus diesem Verhalten ergibt sich für die rasche Gasreinigung von Nebeln die Schlußfolgerung, den Nebel durch feinporige Stoffe zu saugen (Asbest, Watte, Zellstoffschichten) oder man benützt die elektrische Gasreinigung (S. 16), z. B. zur Beseitigung des Rauches aus Fabrikkaminen in USA.

---

[1]) s. Zersetzungsdestillation S. 97 u. 102!

Nicht nur zur Herstellung zahlreicher Erzeugnisse des Großgewerbes, Arzneimittel, Farbstoffe findet **Schwefelsäure** v i e l s e i t i g e **Verwendung,** sondern auch in der elektrischen Industrie, besonders zur Füllung der Akkumulatoren. Zur Aufarbeitung des Erdöls und Herstellung von Düngemitteln, z. B. von Superphosphat (s. S. 93!), und von Salzsäure aus Kochsalz werden sehr große Mengen Schwefelsäure verbraucht [1]).

Die oben besprochene Darstellung von SO_3 ist ein treffendes Beispiel für die **Reaktionslenkung durch Katalyse: Aus einem Spurenprozeß wird der Hauptvorgang.** Die Darstellung der Schwefelsäure auf diesem Wege hat das alte **Bleikammerverfahren** weitgehend abgelöst. Ohne kostspielige Destillation, für die man bei letzterem zur Konzentrierung der Kammersäure v e r g o l d e t e P l a t i n g e f ä ß e (!) nehmen mußte, kann man nach dem katalytischen Verfahren, das auch als **Kontaktverfahren** bezeichnet wird, durch Auffangen von SO_3 in 98-proz. Schwefelsäure, welche durch geeigneten Wasserzufluß auf diesem Gehalt stehen bleibt, direkt im großen konzentrierte Schwefelsäure gewinnen.

Die unmittelbare Umsetzung von SO_3 mit H_2O ist ungeeignet, weil sie mit explosionsartiger Wärmeentwicklung erfolgt. Statt des teuren Platins benutzt man auch Eisenoxyd als Katalysator. Das Schwefeldioxyd gewinnt man meist aus Sulfidmineralien. Wenn man z. B. Pyrit **unter Luftzutritt** auf etwa 400° **erhitzt,** so beginnt er unter Entwicklung von SO_2 zu brennen. Der hierbei stattfindende Oxydationsvorgang ist: $4 FeS_2 + 11 O_2 = 2 Fe_2O_3 + 8 SO_2$ **(Rösten).** Das entstehende Eisenoxyd kann im gereinigten Zustand als Katalysator verwendet werden. Oder es werden die Kiesabbrände auf die Metalle verarbeitet.

Die in den Handel kommende konzentrierte Schwefelsäure enthält 96—98,3 Gewichts-% H_2SO_4 (s = 1,84), bzw. 4—1,7 % H_2O.

E i g e n s c h a f t e n d e r S c h w e f e l s ä u r e. Hochkonzentrierte Schwefelsäure ist eine farblose, „ölige" Flüssigkeit, die im Wasser untersinkt. Sie nimmt Wasser mit großer „Begierde" auf. Beim Mischen der Säure mit Wasser bemerken wir eine starke Zunahme der Temperatur, die, falls man verbotenerweise Wasser in die Säure gießt, oft Spritzen verursacht. Beim langsamen Eingießen kleiner Mengen Säure in eine größere Wassermenge unter Umrühren ist die Vermischung ungefährlich. Da Schwefelsäurespritzer die Kleider, besonders aber die Augen gefährden, mache man sich zur Regel, nur immer Säure ins Wasser, also in alphabetischer Reihenfolge, niemals umgekehrt, zu gießen.

Wie die stark positive Wärmetönung beweist, handelt es sich um eine chemische Verbindung von H_2O mit H_2SO_4. Diese wird aber nicht formuliert, da man für die Reaktionen der Schwefelsäure mit der Formel H_2SO_4 auskommt. Die chemische Wasserbindung verwendet

---

[1]) Produktion 1936: 1,7 Millionen t.

man zum Trocknen von Gasen, d. h. zum Befreien von mitgerissenen Wassertröpfchen und gelöstem Wasserdampf, Bild 14 b.

Wenn in erreichbaren Molekeln Sauerstoff und Wasserstoff vorhanden sind, holt die konz. Schwefelsäure diese Elemente unter stofflicher Änderung als anzulagerndes Wasser heraus. Zucker (III, 149) enthält, z. B., in seiner Molekel die Bestandteile des Wassers an Kohlenstoff gebunden. Mit konzentrierter Schwefelsäure übergossen, bleibt Kohlenstoff unter starkem Aufquellen zurück. Ähnlich ergeht es Staubteilchen, z. B. von Sägespänen, die aus der Luftsuspension in die Säure eingedrungen sind. Daher kommt es, daß letztere oft dunkel gefärbt ist.

Die Absperrung von der Einfuhr 1914—18 war die Veranlassung, Sulfatmineralien, die als Gips und Anhydrit in Deutschland massenhaft vorkommen, für die Schwefelsäuregewinnung nutzbar zu machen. In Zusammenlegung mit der Herstellung von Zement hat sich das Verfahren nicht nur in Deutschland, sondern auch in England als brauchbar erwiesen. Aus Mischungen von Anhydrit, Tonschiefer und Kohle erhält man in Drehöfen SO_2-haltige Gase in genügender Konzentration: $C + CaSO_4 \rightarrow CaO + SO_2 + CO$ — 87 kcal; $CaO +$ Tonschiefer $\rightarrow$ Zementklinker (II, 113).

Frei findet sich die Schwefelsäure in der Natur sehr selten, so in einigen heißen Quellen. Wenn man daran denkt, daß durch die Verbrennung der Kohlen gewaltige Mengen von SO_2 der Atmosphäre zugeführt werden, die sich nach der Gleichung S. 75 über SO_3 bei Gegenwart von Wasserdampf in H_2SO_4 umsetzen, möchte man eigentlich das Gegenteil erwarten. Diese mit dem Regen niedergehende „Schwefelsäure" wird jedoch von basischen Bestandteilen des Erdbodens und durch Einwirkung auf die Karbonatgesteine [1]) neutralisiert, d. h. in Salze übergeführt. Die **schwefelsauren Salze** führen die chemische Bezeichnung **Sulfate**. Geschehen derartige Salzbildungsvorgänge in Bauwerken, z. B. in der Nähe von großen Bahnhöfen, so hat dies schwere Beschädigungen zur Folge. (Vgl. S. 129, Verwitterung!)

In vulkanischen Gasen, z. B. in denen des Vesuvs, ist massenhaft SO_2 enthalten. Seit Jahrmillionen wurden nun auf der Erde aus vulkanischem SO_2 in der eben erwähnten Weise Sulfate gebildet, die von den atmosphärischen Niederschlägen zu einem großen Teil in die riesige Verwitterungslösung des Weltmeeres gespült wurden. Beim Wechsel zwischen Festland und Flachmeer im Laufe der geologischen Erdperioden entstanden aus den verdunstenden Meeresteilen gewaltige Ablagerungen von **Sulfatmineralien**, z. B. bei der „Trockenlegung des Zechstein- und Keupermeeres", die einst große Teile von Deutschland bedeckten. In den norddeutschen Zechsteinsalzen sind Sulfate des Kaliums, Magnesiums und Kalziums enthalten. Der als Keupergestein

---

[1]) s. S: 106 und den Reaktionstypus „Salzzerstörung" S. 84.

bekannte G i p s hat die Formel $CaSO_4 + 2 H_2O$ [1]). Kieserit, ein bei
Staßfurt vorkommendes Salz, hat die Zusammensetzung $MgSO_4 + H_2O$.
Viele Mineralquellen und Solen enthalten Natriumsulfat, sog. Glauber-
salz $Na_2SO_4 + 10 H_2O$.

Das in der Salzmolekel chemisch gebundene Wasser wird als **Kristallwasser** bezeichnet. Die Kristalle, z. B. das Mineral Gips, fühlen sich trocken
an und geben das Wasser bei hoher Temperatur ab. Gips, Kristallwasser-
verbindungen und andere wichtige Sulfate (Alaun, Eisenvitriol, Kupfer-
vitriol) werden II, 37 in Übg. eingehend behandelt, wo auch auf den Nachweis der Schwefelsäure, weitere chemische Eigenschaften derselben und die
Darstellung nach den 2 Verfahren näher eingegangen wird.

22. Schwefelwasserstoff

Schwefel ist in verdünnter Salzsäure unlöslich. Versucht man nun
das Gemenge der Übg. S. 16 durch Weglösen des Eisens mit Hilfe von
Salzsäure zu trennen, so ist dem Wasserstoff ein übelriechendes Gas
beigemengt. Nach den Versuchsbedingungen kann sich nichts anderes
gebildet haben als ein **Hydrierungsprodukt des Schwefels.** Offenbar
wirkt der nach S. 59 beim Zusammentreffen von Eisen mit Salzsäure
gebildete Wasserstoff im Entstehungszustand, bevor er zur Molekel
zusammentritt, besonders stark hydrierend.

Vielleicht haben wir das von uns hergestellte Schwefeleisen (S. 27)
oder Schwefelzink (S. 74) aufbewahrt. Übergießen wir es mit Salzsäure, so macht sich der sehr u n a n g e n e h m e G e r u c h, wie ihn
f a u l e E i e r besitzen, in stärkstem Ausmaße bemerkbar. Das Gas ist
brennbar (Vorsichtsmaßregeln wie beim Wassertoff!). Als Verbrennungsprodukte treten SO_2 und H_2O auf. Demnach muß das Gas aus
Schwefel und Wasserstoff bestehen. Sein Name ist demgemäß **Schwefelwasserstoff.** Nach der Gleichung: $2 HCl + FeS = H_2S \uparrow + FeCl_2$ wirkt
hier eine **Säure auf ein Salz** ein. Es muß demnach ein anderes Salz
u n d eine andere Säure entstehen: D i e s c h w ä c h e r e S ä u r e w i r d
a u s i h r e m S a l z v e r d r ä n g t, also **Salzbildung durch Salzzerstörung.** Unterlagen über die Beurteilung der Stärke von Säuren werden
uns erst im Teil II beschäftigen.

Leitet man Schwefelwasserstoff in Wasser, so nimmt dieses dessen
Geruch an. Blaues L a c k m u s p a p i e r wird durch derartiges „Wasser"
ebenso g e r ö t e t wie durch andere schwache Säuren, also **Schwefelwasserstoffsäure,** als deren Salze die **Sulfide** aufzufassen sind (s. S. 74!).

H_2S-haltige Mineralwässer werden auch als Schwefelquellen bezeichnet
und gegen Gicht und andere Leiden verwendet. — Bei Luftzutritt fällt aus
H_2S-Lösungen allmählich ein nahezu weißer Niederschlag nach der Gleichung

---

[1]) Eigentlich sollte man H_4CaSO_6 formulieren; da aber die Formel dadurch
undeutlich wird, zieht man das Wasser zusammen und schreibt es mit Bei-
strich, + oder · verbunden hin. Es wird gewissermaßen als belanglose „Ver-
unreinigung", im vorliegenden Falle der Kalziumsulfatmolekel, beigesetzt,
da es bei sehr vielen Reaktionen nicht unmittelbar in Tätigkeit tritt.

$2 SH_2 + O_2 = 2 S + 2 H_2O$ (Regel S. 63). Darüber hinaus wird sogar, namentlich an rauhen Oberflächen (S. 46, klein Gedrucktes) H_2SO_4 gebildet. In gut schließenden, vor Licht geschützten und völlig gefüllten Flaschen (S. 75) hält sich die Lösung monatelang. — Das dem II-wertigen Schwefel entsprechende Oxyd SO ist nicht beständig. Die dazugehörige Säure ist eines der stärksten Reduktionsmittel. Wenn vielleicht auch in S-Flammen zunächst vorübergehend SO entsteht, so müssen wir annehmen, daß es sofort nach der Gleichung $2 SO = S + SO_2$ weiter reagiert (S-Ausscheidung an einer kalten Porzellanschale in der Flamme; vgl. Ruß-Ausscheidung S. 39 und 64, Ziff. 5!). — In höheren Konzentrationen als 0,001 % der Atemluft beigemengt wirkt H_2S sehr giftig, wie überhaupt dem II-wertigen Schwefel sehr starke Wirkung auf den menschlichen Körper zukommt.

23. Aufstellung von Gleichungen

A u f g a b e : Die Röstgleichung (S. 77) ist aufzustellen. Die besonderen Umstände beim Rösten sind: Unbeschränkter Zutritt des Luftsauerstoffs und Flammenhitze. Eine einfache Vereinigung, etwa $FeS_2 + O_2$ → FeS_2O_2 (= FeS + SO_2), wäre nur eine Zwischenstufe, da nach S. 51 sich die Oxyde der einzelnen Elemente bilden. Ohne Rücksicht darauf, ob die Formeln schon richtig sind, setzen wir zunächst sinngemäß an: .... → FeO + SO (1). Der chemische Vorgang ist aber erst dann als beendet anzusehen, wenn auf der rechten Gleichungsseite beständige Molekeln bekannter Zusammensetzung stehen oder wenigstens solche, die nach der Wertigkeitslehre und den besonderen Reaktionsbedingungen möglich sind, also keine freien Wertigkeiten enthalten (S. 62). Vom Eisen kennen wir 2 Oxyde (S. 50): Fe_2O_3 und Fe_3O_4. Letzteres scheidet aus, da es nicht **vollständig** oxydiert ist. Denn im Fe_3O_4 verteilen sich die 8 Wertigkeiten der 4 O-Atome auf 3 Fe-Atome. Ordnen wir 2 Fe-Atomen je 3 zu Sauerstoff gehende Wertigkeiten zu, so bleiben für das dritte Fe-Atom nur 2 Wertigkeiten übrig. Fe_3O_4 enthält also noch II-wertiges Eisen, ist somit nicht vollständig oxydiert. Für die Bauformeln ergibt sich daher: $O = \overset{III}{Fe}{-}O{-}\overset{II}{Fe}{-}O{-}\overset{III}{Fe} = O$ (7 (!) Atome) und $O = \overset{III}{Fe}{-}O{-}\overset{III}{Fe} = O$ (5 (!) Atome) [1]. Nach S. 38 würden wir der Molekel mit 5 Atomen den Vorzug geben. Beim Rösten ist jedoch der unbeschränkte Sauerstoffzutritt in der Hitze das Entscheidende. Denn der Einwand, daß sich sogar bei der hohen Temperatur in reinem Sauerstoff Fe_3O_4 gebildet hat (S. 47), wird dadurch widerlegt, daß man sich an den Ort seiner Bildung erinnert. Es war die geschmolzene Kugel an der Stahlfeder, also dort, wo überschüssiges metallisches Eisen zur

---

[1] Für den Pyrit derartige Formeln aufstellen zu wollen, ist zwecklos, da man die Größe der Molekel nicht genau kennt. Im Pyritkristall können die Wertigkeiten der Einzelatome räumlich nach allen Seiten hin wirken, ohne daß ihnen molekulare Grenzen gesetzt sind. Deshalb scheint die Formel für die prozentuale Zusammensetzung FeS_2 der Wertigkeitslehre zu widersprechen. IV-wertiges Fe, das diese Formel erfordern würde, gibt es nicht.

Verfügung stand (S. 65, unendle Metalle als Reduktionsmittel). Für die Ablehnung der Formel FeO in der Röstgleichung sind neben dem unbeschränkten Sauerstoffzutritt die Erwägungen maßgebend, welche S. 80 für das unbeständige SO dargelegt wurden. Wir werden II, 137 noch feststellen, daß Fe (II)-Verbindungen energische Reduktionsmittel sind; demgemäß leicht Sauerstoff heranholen.

Wir korrigieren also die Gleichungsseite (1): $\rightarrow \overset{\text{III}}{\text{Fe}_2}\text{O}_3 + \overset{\text{IV}}{\text{S}}\text{O}_2$ (2). Wenn wir jetzt die Zahl der benötigten Sauerstoffatome nur nach dieser rechten Seite (2) feststellen, kommen wir auf 5 Atome. Allein wir haben auf der linken Seite nur ein Atom Fe, aber 2 Atome S in der Molekel des Schwefelkieses. Da auf der linken Seite die g e g e b e n e n Stoffe stehen, darf an dei Molekel durch Anfügung oder Weglassung von Indexziffern nichts geändert werden. Man würde dadurch einen anderen Stoff als Ausgangsmaterial hinschreiben wie den wirklich gegebenen (S. 38). Wir dürfen nur das Mischungsverhältnis (S. 42) ändern, also die Zahl der Molekeln der wirklich gegebenen Stoffe. Wir müssen also von 2 Molekeln des Schwefelkieses ausgehen und haben dann rechts aber auch 4 Molekeln SO_2 anzusetzen: $2\,FeS_2 + xO_2 \rightarrow Fe_2O_3 + 4\,SO_2$ (3). Durch Abzählen ergibt sich für x der Wert 11 Sauerstoffatome. Da aber im Luftsauerstoff keine abgelösten O-Atome zur Verfügung stehen sondern O_2-Molekeln, müssen wir die Gleichung mit 2 multiplizieren: $4\,FeS_2 + 11\,O_2 \rightarrow 2\,Fe_2O_3 + 8\,SO_2$ (4). **2. Beispiel:** Die Röstgleichung für den Arsenkies[1]) FeSAs aufzustellen, eines unerwünschten Begleiters der Sulfidmineralien. Die Wertigkeit des Arsenatoms ist uns noch nicht entgegengetreten. Sie müßte für die Aufgabe angegeben werden. In der Wertigkeitstabelle (S. 135) finden wir dafür III- und V-wertig. Aus ähnlichen Gründen, aus denen das Oxyd SO_3 für die Röstgleichung abzulehnen ist (S. 76), entscheiden wir uns für das aus 5 Atomen bestehende As_2O_3 an Stelle des aus 7 Atomen bestehenden As_2O_5. Zur Formel As_2O_3 kommen wir von der Wertigkeit her auf folgendem Wege: $= \overset{\text{III}}{\text{As}}$—[2]); es wird O angefügt: $O = \overset{\text{II}}{\text{As}}$—O—; nächste Stufe: $O = \overset{\text{III}}{\text{As}}$—O—As =; fertige Molekel: $O = \text{As}$—O—As $=$ O. Wir setzen folglich zunächst an: $FeSAs + xO_2 \rightarrow Fe_2O_3 + SO_2 + As_2O_3$, erkennen, daß rechts je 2 Fe- und As-Atome vorkommen: $2\,FeSAs + xO_2 \rightarrow Fe_2O_3 + 2\,SO_2 + As_2O_3$. Durch Abzählen der O-Atome auf der rechten Seite ergibt sich der Wert für x $= 10/2$ und dann als Gleichung: $2\,FeSAs + 5\,O_2 = Fe_2O_3 + 2\,SO_2 + As_2O_3$.

Aus den Beispielen erkennt man, daß die Formulierung nicht lediglich eine Kurzschrift ist, sondern die Verwertung gesammelter chemischer Erfahrungen, von denen aus auch unbekanntes Geschehen als wahrscheinlich voraus-

---

[1]) Andere Namen: Mißpickel, Giftkies; nahezu zinnweiß, Härte 6.
[2]) Man beginnt jeweils mit dem Atom, das die höchste Wertigkeit besitzt.

gesehen werden kann. Letzten Endes entscheidet die **experimentelle Nach-prüfung**, ob die Konstruktion auf dem Papierblatt richtig ist. Das macht erst die Chemie zur Wissenschaft, daß sie nicht bloß ein Wissen um Einzelvor-gänge ist, mögen sie noch so wichtig sein, sondern daß die Eigengesetzlichkeit der Chemie, von den Grundformen ausgehend, die Vorgänge untereinander verbindet. In Anbetracht dessen ist es unerläßlich, sich die Worterklärungen und Grundformen genau einzuprägen. Sie sind gewissermaßen die Gramma-tik der Chemie, wenn man auf die eigentliche Bedeutung von gramma (g.) = Schriftzeichen zurückgreift. Wird z. B. die Aufgabe gestellt: Ergänze HgO + x HCl → . . . ., so überlegt man: Es handelt sich um die Einwirkung einer Säure auf ein Oxyd. Nach der Regel S. 63 ist Gelegenheit zur Wasserbildung gegeben. Da aber die Wassermolekel 2 H-Atome enthält, muß man ansetzen: $HgO + 2 HCl = H_2O + HgCl_2$[1]).

Für die Aufstellung von Bauformeln ist noch eine wichtige Regel zu er-wähnen: Die Verknüpfung gleichartiger Atome in den Molekeln der Ele-mente ist verhältnismäßig beständig. **Sind aber noch andere, fremdartige Atome in der Molekel vorhanden, so ist die Verkettung gleichartiger Atome untereinander ein Ausnahmezustand.** Nur das Kohlenstoffatom ist zur Ver-knüpfung sogar zahlreicher C-Atome untereinander befähigt (S. 101). Schon die 2-gliedrige Kette von Sauerstoffatomen im Wasserstoffsuperoxyd zer-reißt verhältnismäßig leicht. In reinem Zustand ist H_2O_2 sogar eine ex-plosionsgefährliche Flüssigkeit. Bei Schwefel werden wir II, 38 die Un-beständigkeit selbst kleiner —S—S— -Ketten feststellen und III, 91 bei Stickstoffketten in organischen Verbindungen ähnliche Erfahrungen machen.

Ist man sich über die Wertigkeit eines Elementes nicht klar, so denke man an bekannte Wasserstoffverbindungen. Z. B. die Wertigkeit das Kal-ziums im Gips $CaSO_4$, 2 H_2O. Die zugehörige Wasserstoffverbindung ist H_2SO_4; Ca ersetzt also 2 Wasserstoffatome, ist demnach II-wertig. In dem S. 45 erwähnten $KClO_3$ kann Cl nicht einwertig sein, im Gegensatz zu HCl, wo es einwertig sein muß, da Wasserstoff das Maß der Wertigkeit ist. Das Kalium ist einwertig (KCl ←→ HCl). Je nachdem man sich das einwertige K in $KClO_3$ mit O oder mit Cl verbunden denkt, kommt man für das Cl-Atom im $KClO_3$ zur Wertigkeit $(3 \cdot 2) + 1 = VII$ oder $(3 \cdot 2) - 1 = V$. Da aber in O-haltigen Säuren (S. 75) der Säurewasserstoff nicht direkt, sondern durch Vermittlung des Sauerstoffatoms mit dem Zentralatom verbunden ist, muß man sich für die V-Wertigkeit des Chlors in Chloraten entscheiden:

$$\begin{matrix} O = \\ O = \end{matrix} Cl - OK$$

24. Stickstoff; Salpetersäure

Nitrogenium[2]) N, Atomgewicht 14,008. Wie wir schon wissen, macht der Stickstoff als B e s t a n d t e i l   d e r **Luft** $^4/_5$ des Luftvolumens aus. Wegen seines Vorkommens in der Atmosphäre wird er als atmophiles[3]), wegen seines Vorkommens in der lebenden Natur als Bestandteil der Eiweißmolekel als biophiles[3]) Element bezeichnet. Bei der Verwesung, welche ein verwickelter, durch die Tätigkeit von Spaltpilzen (Bakterien) ausgelöster, chemischer Vorgang ist, geht der **Eiweißstickstoff** zum Teil in **elementaren Stickstoff** über, zum Teil in einfach zusammengesetzte

---

[1]) Experimentelle Nachprüfung: HgO löst sich farblos in verd. HCl und fällt bei Beseitigung der Säure durch Lauge wieder orange gefärbt aus. Näheres II, 87.
[2]) Von der lateinischen Bezeichnung für Salpeter = nitrum.
[3]) gr. athmos = Hauch; philos = befreundet; lithos = Stein; bios = Leben.

Stickstoffverbindungen (Ammoniak und Salpetersäure). Die Anhäufung von salpetersauren Salzen in den Salpeterwüsten muß also als fossiler[1]) Stickstoff hauptsächlich tierischen Ursprungs betrachtet werden, ebenso der stickstoffhaltige Guano (S. 93). Als fossiler pflanzlicher Stickstoff ist dagegen das Vorkommen in den Kohlegesteinen anzusehen. Sonst kommt Stickstoff in verwertbaren Mengen in den Gesteinen nicht vor, sondern nur in Spuren, direkt an Metalle gebunden, Nitride (S. 45). Stickstoff ist also kein lithophiles Element, im Gegensatz zum Sauerstoff, der auch in den Gesteinen in riesigen Massen vorkommt. Vgl. S. 82³)! Da nun stickstoffhaltiges Meteoreisen gefunden wurde, müssen wir annehmen, daß tief im Innern der Erde im Nickel-Eisen-Kern noch gewaltige Mengen von Stickstoff gebunden sind, was der Merkwürdigkeit halber erwähnt werden soll.

Eigenschaften des Stickstoffs. Stickstoff ist farblos, geruch- und geschmacklos und leichter als Luft, da letztere zu $1/5$ das schwerere Gas O_2 enthält. Schon bei der Untersuchung der Luft haben wir vom Stickstoff erfahren, daß er die Verbrennung nicht unterhält und daß in ihn gebrachte Tiere ersticken. Er ist dem Sauerstoff nur gewissermaßen als Verdünnungsmittel beigemengt; denn in reinem Sauerstoff würden die Verbrennungsvorgänge in unserem Körper zu schnell vor sich gehen. Die beiden Atome der N_2-molekel halten sehr fest zusammen. Es bedarf bedeutender Einwirkungen, um sie zu trennen und sie so zur Verbindung mit anderen Atomen zu bewegen. Der chemischen Trägheit des Stickstoffs ist es zu danken, daß auch bei großen Hitzegraden, z. B. im Feuer, der Stickstoff nicht oxydiert wird. Der Blitz ist imstande, Stickstoff und Sauerstoff zur Vereinigung zu bringen. Auch in unseren Breiten mit verhältnismäßig wenig Gewittern hat dies eine große Bedeutung.

Die Schätzung der durch luftelektrische Vorgänge gebildeten und durch Regen der Erde insgesamt zugeführten Mengen an Stickstoffverbindungen erreicht hohe Zahlen (nach Arrhenius 400 Millionen Tonnen jährlich). Dadurch werden die Verluste an Stickstoffverbindungen im biologischen Stoffumsatz, z. B. durch Stickstoffverbindungen zerstörende, sog. Denitrifikationsbakterien, weitgehend ausgeglichen.

Die Möglichkeit der Vereinigung von Sauerstoff und Stickstoff durch elektrische Entladungen hat die Technik sich nutzbar gemacht. Mit Sauerstoff und Wasserstoff bildet nämlich der Stickstoff eine für die chemische Industrie sehr wichtige Säure, die **Salpetersäure**, HNO_3. In Norwegen, wo Elektrizität aus Wasserkräften sehr. billig zur Verfügung steht, wurde nach derartigen Verfahren, auf welche II, 79 eingegangen wird, Norgesalpeter, das Kalksalz der Salpetersäure in Massen hergestellt.

---

[1]) lat. = ausgrabbar, ergänze aus dem Erdboden; im Gegensatz zu den Mineralien ein durch Lebewesen entstandener Überrest.

Durch Neutralisation bzw. Ersatz des Wasserstoffs durch ein Metall bildet die Salpetersäure Salze, die sog. **Nitrate** oder **salpetersauren Salze:** $NaNO_3$ = Natriumnitrat, $Ca(NO_3)_2$ = Kalziumnitrat = salpetersaures Kalzium = Kalksalpeter, auch Mauersalpeter genannt, weil er an den Wänden von Viehställen oder auch an Dachziegeln (Salpeterfraß) auskristallisiert.

Bis in das 19. Jahrhundert hinein hat man den biochemischen Weg, d. h. die Tätigkeit der Salpeterbakterien, benützt und „ostindischen" Salpeter im großen hergestellt. In den Tropen deshalb, weil hier besonders günstige Temperaturen und Feuchtigkeitsbedingungen für das Bakterienwachstum herrschen, was in anderer Hinsicht oft sehr unerwünscht ist. Werkstoffe für die Tropen müssen deshalb besonders ausgesucht werden.

Solange man die neuen Verfahren zur Herstellung der Salpetersäure noch nicht kannte, stellte man sie ausschließlich aus ihren Salzen, z. B. $NaNO_3$ her, dem sog. Natronsalpeter, der seinem Fundort nach auch C h i l e s a l p e t e r genannt wird. Man erhitzt in geeigneten Gefäßen unter Vermeidung von Kork- und Gummiverbindungen, die zerstört werden (Bild 3, Glasschliffe!), Chilesalpeter mit Schwefelsäure. Es destilliert Salpetersäure über, die in Vorlagen aufgefangen wird:

$$NaNO_3 + H_2SO_4 = NaHSO_4{}^1) + HNO_3{}^2).$$

Übg.: Die so dargestellte Salpetersäure besitzt das spezifische Gewicht von ungefähr 1,48, ist schwach gelb gefärbt (vollkommen rein ist sie farblos), raucht an der Luft f a r b l o s (herausnehmen mit einem Glasstab) und riecht stechend sauer. Beim Verdünnen mit Wasser beobachtet man starke Erwärmung wie bei H_2SO_4; in s t a r k e r Verdünnung saurer Geschmack.
Gibt man einen Tropfen konz. Säure auf die Haut, so wird die Stelle gelb und „brennt". Nach dem Abwaschen mit Wasser bringt man einen Tropfen Natronlauge auf die Stelle. Der Fleck wird dunkelgelb.
E r k l ä r u n g : Die Ätzung ist allen konzentrierten Säuren gemeinsam (HCl, H_2SO_4, HNO_3, Eisessig), deshalb vorsichtige Ausführung des Versuches! Die Gelbfärbung aber ist etwas charakteristisches für die Salpetersäure. Durch Zugabe einer Base wird die Ätzwirkung infolge von Salzbildung unterbrochen und eine chemische Veränderung der gelben Verbindung (nach braun) erzielt: Farblose Salpetersäure + farbloses Eiweiß (Protein) gibt eine gelbe Verbindung (**Xanthoproteinreaktion**). Xanthos (gr.) = gelb.

---

¹) In diesem Salz ist der Wasserstoff nur t e i l w e i s e ersetzt. Man könnte es salzige Säure nennen, gebraucht aber dafür den Ausdruck saures Salz, hier saures Natriumsulfat; weil es noch Wasserstoff enthält: Natriumhydrogensulfat.

²) Schon bei der Herstellung der Schwefelwasserstoffsäure wandten wir die auch hier gebrauchte Methode an: Mittels einer Säure (hier H_2SO_4) machten wir aus einem Salz der gewünschten Säure diese frei. Das geht aber nur dann, wenn die zu gewinnende Säure das System der aufeinanderwirkenden Stoffe v e r l ä ß t und nicht mehr auf den 2. neuen Stoff der Umsetzung zurückwirken kann. In den genannten Fällen ist dies leicht möglich, weil H_2S und HNO_3 f l ü c h t i g e Säuren sind. Hier macht also die weniger flüchtige Säure die f l ü c h t i g e r e Säure aus ihrem Salz frei, und es hinterbleibt das Salz der weniger flüchtigen Säure (s. S. 79!). Im Gegensatz dazu kann man aus einem Sulfat durch HNO_3 keine Schwefelsäure gewinnen.

Führe die Reaktion an einer weißen Gansfeder aus und beachte außer der Gelbfärbung die z e r s t ö r e n d e Wirkung der konz. Salpetersäure! Man darf also mit konz. Salpetersäure nicht leichtfertig umgehen.

Natronlauge in längerer Berührung mit der Haut ätzt ebenfalls und verursacht tief gespaltene, schmerzhafte Hautrisse. Diese Unterbrechung der Ätzwirkung ist deshalb für Sanitätszwecke ungeeignet; man nimmt dafür NaHCO₃ (S. 107) oder MgO.

E r k l ä r u n g   d e s   R a u c h e n s : Die Salpetersäure verdunstet an der Oberfläche schon bei gewöhnlicher Temperatur als unsichtbares Gas. Durch Aufnahme der Luftfeuchtigkeit bilden sich unter gleichzeitiger Kondensation der letzteren kleine, äußerst fein verteilte Tröpfchen, welche wir als „Dampf" erblicken. Durch Darüberblasen (= Zubringung der n o c h   f e u c h t e r e n , ausgeatmeten Luft) wird das Rauchen verstärkt.

Chemisches Verhalten: Reagiert die verdünnte Salpetersäure als W a s s e r s t o f f v e r b i n d u n g , so zeigt sie das normale Verhalten einer Säure, z. B. Neutralisation. Dieses Verhalten wird aber häufig von ihrer Reaktionsweise als S a u e r s t o f f v e r b i n d u n g über-deckt. Nur sind in der Regel die Verhältnisse nicht so einfach [1]), daß sie zu elementarem Stickstoff reduziert wird. Hauptsächlich warme, konzentrierte Salpetersäure wirkt als sehr starkes Oxydationsmittel. Auf die verwickelten Vorgänge werden wir II, 66 eingehen. Die dort behandelten, vielfältigen Reaktionen der Stickstoffverbindungen stehen in schroffem Gegensatz zur Reaktionsträgheit der elementaren N₂-molekel.

Die oxydierende Wirkung der Salpetersäure ist auch ihren S a l z e n eigen. Erhitzt man z.B. Salpeter KNO₃ im Rgl. mit rauschender Flamme, so entstehen schließlich Gasbläschen. Die Probe mit dem glimmenden Span zeigt S a u e r s t o f f an. Kleine Stückchen Holzkohle, in den eben O₂ entwickelnden Salpeter geworfen, glühen hell auf und springen im Glase herum (infolge der CO₂-Bildung). Schwefelkörner entzünden sich und steigern die Temperatur zur Weißglut, so daß grelles Licht ausgesandt wird (zum Auffangen des abschmelzenden Rgl. Sand-badschale darunterstellen!): Unterteilung der Vorgänge bei der Schwarz-pulverumsetzung (S. 86).

Trägt man Bleispäne in geschmolzenen Salpeter ein und rührt mit einem Glasstab um, so werden diese zu gelbem Bleioxyd oxydiert. Der Kalium-salpeter gibt für sich erhitzt, ebenso wie der Natriumsalpeter pro Molekel

$$\overset{V}{2\,NaNO_3} = 2\,\overset{III}{NaNO_2} + O_2;$$

nur ein Atom Sauerstoff ab: $KNO_3 + Pb \rightarrow PbO + KNO_2$.

NaNO₂ ist das Salz der salpetrigen Säure, ein **Nitrit**. Allgemein: Die **-igen Säuren** sind Reduktionsstufen der Hauptsäuren, durch Wertigkeitsverringe-rung des Zentralatoms entstanden: salpetrige Säure enthält III-wertigen N, Salpetersäure V-wertigen N; schweflige Säure IV-wertigen S, Schwefelsäure VI-wertigen S; arsenige Säure H₃AsO₃ III-wertiges As, Arsensäure H₃AsO₄ V-wertiges As usw. In den Salzen drückt man die verschiedene Wertigkeits-stufe des Zentralatoms durch den Wechsel der Buchstaben **a** und **i** aus: Nitrite, Nitrate, Sulfite, Sulfate; Arsenite, Arsenate. Wenn es noch eine weitere Erhöhung der Wertigkeit des Zentralatoms gibt, gebraucht man die

---

[1]) Wie etwa bei CuO (s. S. 62!).

Vorsilbe per. $KClO_3$ = Kaliumchlorat mit V-wertigem Chlor, Kaliumperchlorat $KClO_4$ mit VII-wertigen Chlor. Kaliumpermanganat $KMnO_4$ ist ähnlich gebaut. Vgl. a. S. 82!

Die Umsetzung mit Kohle oder mit Schwefel ist wesentlich verwickelter, erkennbar an dem Auftreten rotbrauner Gase (**Stickoxyde**). Diese „nitrosen" Gase reizen stark, sind giftig und treten bei Explosionen N-haltiger Sprengstoffe auf.

Von der oxydierenden Wirkung des Salpeters macht man seit dem 14. Jahrhundert bei seiner Verwendung zu Schießpulver Gebrauch. Dieses ist ein Gemisch aus 16 Gewichtsteilen Kaliumsalpeter, 4 Gewichtsteilen Holzkohlenpulver und 2 Gewichtsteilen Schwefelpulver. Man kann diese Mischung abgesehen von der auftretenden Stichflamme gefahrlos abbrennen. Unter Verschluß zur Entzündung gebracht, liefert der Salpeter den zur Verbrennung nötigen Sauerstoff; die Verbrennungsgase nehmen einen großen Raum ein, obendrein werden sie erhitzt, wobei sie sich erst recht ausdehnen. Daher kommt die explosive Wirkung des Schießpulvers (vgl. S. 46!). Explosionsformulierung einer Sorte Schwarzpulver:

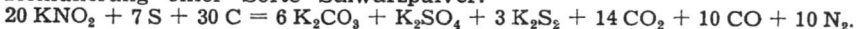

$$20 KNO_2 + 7 S + 30 C = 6 K_2CO_3 + K_2SO_4 + 3 K_2S_2 + 14 CO_2 + 10 CO + 10 N_2.$$

Die Nitrate im Haushalt der Natur. Im Körper der Pflanzen und Tiere sind verwickelt gebaute N-verbindungen enthalten, Eiweißstoff, Chlorophyll, roter Blutfarbstoff, Alkaloide usw. Bei der Vermoderung und Verwesung entstehen daraus einfach zusammengesetzte N-Verbindungen, NH_3 (S. 87), HNO_3-Salze und schließlich (S. 83) die N_2-Molekel selbst.

Wenn in einem Brunnenwasser Nitrate oder Ammoniak nachgewiesen werden können, darf es nicht als Trinkwasser benützt werden, weil dadurch Zusammenhang mit Verwesungsvorgängen, z. B. Jauchegruben, angezeigt wird und damit die Gefahr krankheitserregender Bakterien.

Während der im Verhältnis zum Stickstoff winzige CO_2-Gehalt der Luft von den Pflanzen als Nahrung aufgenommen wird (S. 112), vermag die grüne Pflanze die sie umgebenden, ungeheuren Mengen N_2-gas nicht auszunützen. Über einem Feld von 1 ha Größe liegen z. B. 80 000 t Luftstickstoff. Vielmehr sind die Pflanzen gezwungen, den Stickstoffbedarf aus den im Boden vorkommenden Salzen zu entnehmen, besonders den Nitraten. Da mit der Ernte und den Schlachttieren die während des Wachstums aufgenommenen und im Körper erzeugten N-Verbindungen von der Produktionsstätte, den Feldern und Ställen, abwandern, die Schlachttiere aber ihren Stickstoffbedarf aus den Futter p f l a n z e n beziehen, verarmt der landwirtschaftlich genutzte Boden an allen Stoffen, die in ihm nicht im Überfluß vorhanden sind.

Aufgabe der D ü n g u n g ist es nun, den Stickstoff neben den anderen für die Pflanze lebensnotwendigen Stoffen (Phosphat-, Kalium-, Kalkverbindungen usw.) wieder zuzuführen. Man verwendet hierbei entweder sog. n a t ü r l i c h e n D ü n g e r (Stallmist, Jauche) oder sog. k ü n s t l i c h e n D ü n g e r, meist in Form von Nitraten. (Weiteres s. S. 89, 93 und 129!)

Eine A u s n a h m e in bezug auf die Verarbeitung des Stickstoffs bilden einige S c h m e t t e r l i n g s b l ü t l e r. Diese besitzen an ihren Wurzeln häufig kugelige Anschwellungen, welche Bakterien enthalten, die ihrerseits den Stickstoff der Luft direkt in Verbindungen überführen können. Ackert man derartige Stickstoffsammler, z. B. Lupinen, ein, so bringt man in den Boden Stickstoffverbindungen (G r ü n d ü n g u n g). In Erkenntnis der Bedeutung der Bodenbakterien führt man derartige Spaltpilze dem Boden künstlich zu (Bodenimpfung).

25. Ammoniak

Bei der Verwesung tierischer Stoffe tritt ein scharfer Geruch auf, der uns an den Salmiakgeist erinnert, welcher im Haushalt als Reinigungsmittel verwendet wird. Übg.: Der gleiche Geruch ist wahrnehmbar, wenn man Hühnereiweiß mit starker Natronlauge kocht (Vorsicht, Siedeverzug!). Das entweichende **Gas** bläut feuchtes rotes Lackmuspapier, bildet also offensichtlich mit H_2O eine Base. Eine genaue Analyse des Gases ergibt, daß eine Verbindung des Stickstoffs mit 3 H-Atomen vorliegt NH_3, chemische Bezeichnung: Ammoniak.

Abgesehen von der Herstellung aus tierischen Abfällen wurden früher Ammoniak und dessen Verbindungen Ammoniumsulfat, Ammoniumnitrat usw. aus dem sog. G a s w a s s e r (S. 99) gewonnen. Seit etwa 30 Jahren werden N und H in Industrieanlagen größten Ausmaßes direkt vereinigt. Der an sich naheliegende Gedanke einer Hydrierung der N_2-Molekel scheiterte lange Zeit an deren Reaktionsträgheit. Theoretische und technische Fortschritte haben diese Hemmnisse beseitigt. Bei Gegenwart von geeigneten Katalysatoren und bei bestimmten Druck- und Temperaturverhältnissen vollzieht sich der Vorgang $N_2 + 3H_2 = 2NH_3$ in technisch brauchbarer Ausbeute, II, 79, Bild 27.

Wie schon erwähnt, reagiert NH_3 in Wasser gebracht basisch. Alkalische Reaktion ist jedoch nur bei Anwesenheit einer OH-Gruppe möglich. Wir sind daher zu der Annahme gezwungen, daß sich NH_3 mit HOH zu NH_4OH vereinigt hat. Daher reagiert auch nur feuchtes Lackmuspapier deutlich mit Ammoniak. W e n n m a n N H_3 i n W a s s e r l e i t e t, e n t s t e h t „S a l m i a k g e i s t", S. 114, Fn. Es wird jedoch nicht alles NH_3 als NH_4OH gebunden. Ein großer Teil des NH_3 wird lediglich gelöst und entweicht als solches aus der geöffneten Flasche. Salmiakgeist ist also ein Gemisch aus folgenden Bestandteilen: NH_3, NH_4OH und H_2O (vgl. S. 75!). Ammoniakgas riecht stechend und reizt zu Tränen. Es ist völlig unsichtbar, raucht also nicht an feuchter Luft. In geringen Mengen (bei der Geruchsprobe) ist es unschädlich, in hohen Konzentrationen hat es schon schwere Unfälle verursacht.

NH_4 ist keine abgeschlossene Molekel und wird deshalb als NH_4-(Ammonium)-Gruppe bezeichnet. Vgl. das „Hydroxyl", S. 62! Die Endung -ium klingt an Metallbezeichnungen an. In Salzen vertritt das Ammonium die Stelle eines einwertigen Metalls.

Eine Atomgruppe, welche bei der Übertragung in andere Verbindungen unverändert bleibt, nennt man Radikal. Die Einwertigkeit des Radikals Ammonium ergibt sich aus dem Säureverbrauch bei der Neutralisation, und zwar wird NH_4OH Ammoniumhydroxyd mit e i n e m Mol HCl neutralisiert: $NH_4OH + HCl = H_2O + NH_4Cl$ (vgl. S. 70!). Das beim Eindampfen der neutralen Lösung hinterbleibende salzsaure Ammonium besitzt weitgehende Ähnlichkeit mit dem Kochsalz.

Ammoniumchlorid, im Handel Salmiak genannt, kann sich aber auch noch in anderer Weise bilden. Man verschließt einen mit konzentrierter Salzsäure befeuchteten Glaszylinder mit einer Glasplatte und stellt ihn auf ein gleichgroßes, mit konz. Ammoniaklösung befeuchtetes Gefäß. Beim Wegziehen der Glasplatte entsteht ein dichter, weißer Rauch der zweifellos aus einem fein verteilten, festen Stoff besteht: $NH_3 + HCl = NH_4Cl$. Dieser Vereinigungsvorgang wird II, 46 und III, 89 bei den organischen Basen, welche sich von NH_3 ableiten, näher erörtert werden.

26. Oxydation des Ammoniaks

Setzen wir für die Erzeugung von HNO_3 aus NH_3 an: $NH_3 + O_2 \rightarrow HNO_3$ $+ \ldots$ und denken wir an die Wasserregel S. 63, so kommen wir auf die Gleichung: $NH_3 + 2 O_2 = HNO_3 + H_2O$, eine reine Papierkonstruktion. Denn sie läßt die Beständigkeit der entstehenden H und O enthaltenden Verbindung außer acht und widerspricht der Regel S. 51 für den Ablauf von Verbrennungen. In der Tat zersetzt sich HNO_3 schon beim Siedepunkt (110°): $4 HNO_3 \rightarrow 2 H_2O + 4 NO_2 + O_2$. Auch das aus 3 Atomen bestehende NO_2 hält der Flammentemperatur nicht stand ebensowenig wie das nächste Oxyd des Stickstoffs, das aus 5 Atomen zusammengesetzte N_2O_3. Wir gelangen also zum 2-atomigen NO. Die experimentelle Nachprüfung zeigt jedoch, daß Ammoniak an der Luft nicht brennbar ist, mit reinem Sauerstoff ohne besondere Vorkehrungen gemengt, sich entzünden läßt und mit fahlgelb gefärbter Flamme zu Wasser und Stickstoff verbrennt. Daraus ergibt sich, daß die Flammentemperatur des Gemenges der reinen Gase noch zu hoch ist, bzw. daß NO bei dieser Temperatur praktisch vollständig in N_2 und O_2 zerfällt oder jeweils von noch vorhandenem NH_3 zu N_2 und H_2O reduziert wird. Wenn wir uns an S. 75 erinnern, erscheint es möglich, die Oxydationstemperatur weiter herabzudrücken und den Ablauf doch hinreichend schnell anzutreiben, nämlich durch Gegenwart eines Katalysators.

Um die Jahrhundertwende hatte man ausgerechnet, daß die Chilesalpeterlager in etwa 35 Jahren erschöpft sein würden. Dies war ein mächtiger Antrieb für die Ausarbeitung von Methoden zur Salpetersäuresynthese. Seit der Massenherstellung von NH_3 durch Druckhydrierung zeichnete sich als der wirtschaftlich beste Weg die katalytische Oxydation des letzteren zu HNO_3 ab. Da letztere sich schon bei ihrem Kp. zersetzt, wird die Darstellung über Zwischenstufen geführt. An rot glühenden Pt-Netzen entsteht das bei dieser Temperatur (900°) beständigste Stickstoffoxyd: $4 NH_3 + 5 O_2 = 4 NO + 6 H_2O + 107$ kcal (1). Bei gewöhnlicher Temperatur besitzt letzteres die Fähigkeit, die reaktionsträge O_2-Molekel zu spalten: $4 NO + 2 O_2 = 4 NO_2$ (2). Mit Wasser und weiterem Luftsauerstoff ergibt dieses verdünnte Salpetersäure: $4 NO_2 + 2 H_2O + O_2 = 4 HNO_3$ (3). Zusammenziehung der 3 Gleichungen und Division durch 4 ergibt die oben genannte Papierkonstruktion. Es ist jedoch nur die Zusammenziehung der Gleichungen (2) und (3) gerechtfertigt: $4\,NO + 2\,H_2O + 3\,O_2 = 4\,HNO_3$. Durch Destillieren läßt sich die Konzentration nur auf 68 % steigern, da sie mit diesem Gehalt bei 120⁰ beim Sieden n i c h t trennbar (azeotrop, III, 37) übergeht. Für höhere Konzentrationen wird H_2SO_4 als H_2O bindender Hilfsstoff herangezogen. Andererseits zeigt die positive Wärmetönung beim Verdünnen mit Wasser an, daß HNO_3 sich chemisch mit H_2O verbindet.

Reine, wasserfreie Salpetersäure (s = 1,53) ist eine sehr unbeständige Substanz. Rote rauchende Salpetersäure ist eine gesättigte Auflösung von NO_2 in roher Salpetersäure. An Stelle von Pt werden für die Katalyse verwendet: Pt/Rh-Legierung; Bi-haltiges Eisenoxyd; Vanadiumverbindungen.

Die gewonnene Salpetersäure wird zum Teil unmittelbar auf S a l z e verarbeitet. Neutralisiert man sie z. B. mit dem im gleichen Fabrikbetriebe hergestellten Ammoniak, so erhält man NH_4NO_3. Mit Schwefelsäure neutralisiert bildet Ammoniak $(NH_4)_2SO_4$. Das Gemisch beider Stoffe heißt Ammonsulfatsalpeter und stellt ein **wichtiges Düngemittel** dar. Man verwendet jedoch nicht die für andere Zwecke benötigte Schwefelsäure zur Neutralisation, sondern setzt das Ammoniak mit dem Gips $(CaSO_4 \cdot 2\,H_2O)$ oder dem Anhydrit $(CaSO_4)$ in besonderen Verfahren so um, daß die SO_4-Gruppe schließlich an das Ammonium gebunden wird.

Die NH_3-Produktion ging 1913 von der badischen Anilin- und Sodafabrik aus und hat sich unterdessen auf die ganze Welt ausgedehnt (Weltproduktion 1935 an „Rein"-stickstoff 2,0 Millionen Tonnen). Die Beherrschung hoher Drucke und Temperaturen für Massenproduktion und die Herstellung der dazu benötigten Werkstoffe bildet die Grundlage für die Entwicklung anderer Hochdrucksynthesen. Der durch die gewaltige Druckerhöhung (200 und mehr atü) erzielte Vorteil beruht auf einer Einschnürung des Zwischenraums der Gasmolekeln und infolge dieser Stauung einer Vervielfachung der Zusammenstöße der reagierenden Molekeln, welche ohnehin durch die Temperatursteigerung (475⁰—600⁰) eine bedeutend erhöhte Eigengeschwindigkeit besitzen. Vgl. S. 29!

27. Phosphor

Phosphorus, P; Atomgewicht 30,98.

Der Hamburger Alchimist Brand entdeckte im Jahre 1669 durch Eindampfen von Urin und Glühen des Rückstandes einen Stoff, der an der Luft im Dunkeln l e u c h t e t. Er erhielt den Namen Phosphor, was soviel wie L i c h t t r ä g e r heißt. Dieses „kalte Feuer", das leuchtet, ohne im gewöhnlichen Sinne zu „brennen", wurde nach seiner Entdeckung als eine Art Naturwunder bekannt. Der weiße Phosphor war so teuer wie Gold und wurde an den Fürstenhöfen als Sehenswürdigkeit vorgeführt.

In der Tat ist es ein eigenartiger Anblick, wenn wir eine Stange weißen (= gelben) Phosphors mittels einer Zange aus der Flasche nehmen und sie im Dunkeln nicht länger (!) als einige Sekunden (!) betrachten. Versenken wir den Phosphor unter Wasser, so hört er sofort zu leuchten auf. Demnach muß es der Z u t r i t t v o n L u f t sein, der das Leuchten verursacht, es muß also eine O x y d a t i o n stattfinden. Jedoch ist diese anders als gewöhnliches Brennen oder Glühen, denn die Phosphorstange ist n i c h t h e i ß. Es wird bei dieser Oxydation also in der Hauptsache L i c h t energie frei, während bei gewöhnlichem Glühen mehr W ä r m e energie auftritt. Daß jedoch auch hierbei Wärme entwickelt wird, die sich bedeutend ansammeln kann, läßt sich schon daraus schließen, daß weißer Phosphor, der an der Luft liegt, sich v o n s e l b s t e n t z ü n d e t, was je nach den Umständen verschiedene Zeit (Minuten!) erfordert!

Daher muß er i m m e r u n t e r W a s s e r a u f b e w a h r t werden. Ein etwa verlorengegangenes Stückchen bedeutet Feuergefahr und ist daher im verdunkelten Zimmer baldigst zu suchen.

Je größer die Oberfläche ist, die der Phosphor dem Sauerstoff der Luft darbietet, desto leichter erfolgt die Entzündung. Löst man z. B. weißen Phosphor in Schwefelkohlenstoff auf und übergießt damit Schnitzel aus Filtrierpapier, die in einer Eisen- oder Porzellanschale liegen, so daß sie etwas über die Schale hinausstehen, so fangen diese bald Feuer, besonders dann, wenn sie einer gelinden Zugluft ausgesetzt sind, die die Verdunstung beschleunigt. Nach Verdunstung des Schwefelkohlenstoffes bleibt nämlich der Phosphor a u ß e r o r d e n t l i c h f e i n v e r t e i l t zurück (S. 48).

Da der Schwefelkohlenstoff selbst sehr feuergefährlich ist, darf während dieses Versuchs keine andere Flamme brennen. Vgl. S. 60, Fn.!
Wenn Stoffe im Dunkeln leuchten, so spricht man von **Phosphoreszenz.** Doch hat das meistens n i c h t s m i t d e m P h o s p h o r zu tun. So z. B. enthalten die leuchtenden Zifferblätter von Uhren, die Leuchtplaketten und „Kristallphosphore" keinen Phosphor, sondern Sulfide des Zinks, Kalziums oder anderer Metalle mit Zusätzen, welche das Nachleuchten im Dunkeln besonders begünstigen. Das Leuchten des Phorsphors, das von einem c h e - m i s c h e n V o r g a n g e, nämlich einer Oxydation herrührt, bezeichnet man als **Chemolumineszenz** (chemische Lichterzeugung).

Bringt man roten Phosphor und ein gleich schweres Stückchen des weißen Phosphors, wie es die Abbildung 19 zeigt, auf ein Stück Eisenblech und erhitzt mit der Flamme, die von beiden Stoffen gleich weit entfernt ist, so entzündet sich der weiße Phosphor sehr bald (bei 60⁰), während es beim roten sehr lange dauert (bei 260⁰). Das Verbrennungsprodukt aber, schwerer weißer Rauch, ist jedoch beim roten und beim weißen Phosphor d a s g l e i c h e. Daraus läßt sich schließen, daß es sich beim weißen und roten Phosphor um d e n g l e i c h e n S t o f f h a n d e l t. In der Tat haben auch genaueste chemische Untersuchungen

erwiesen, daß der rote und der weiße Phosphor aus den gleichen Atomen des E l e m e n t s P h o s p h o r bestehen. Dieses tritt also in zwei
(allotropen) [1]) Formen auf, eben der roten (Handelsform: Pulver) und
weißen (Stangen).

Außer den genannten Unterschieden in der Farbe und im Entzündungs-
punkte ist noch zu bemerken, daß der rote Phosphor im Gegensatz zum
weißen in Schwefelkohlenstoff u n l ö s l i c h und n i c h t g i f t i g ist. Der
rote Phosphor schmilzt nicht, sondern geht in den Dampf des weißen Phosphors über und entzündet sich dann. Das geschieht bei 260⁰. Bringt man also
eine Messerspitze voll roten Phosphors in ein Rgl., das mit einem Wattebausch verschlossen ist, und erhitzt im verdunkelten Raum, so schlägt sich
bald weißer Phosphor nieder. Bei Ent-
fernung der Watte leuchtet dieser besonders stark; er kann sich dabei
auch entzünden. Am T a g e s l i c h t
gehen die Kondensationstropfen des
weißen Phosphors schnell in die rote
Form über.
Die Ursache der Unterschiede zwischen rotem und weißem Phosphor
liegt darin, daß die Molekel des roten

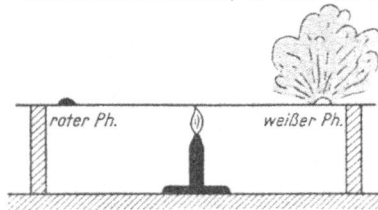

Bild 19.

Phosphors aus einer anderen Anzahl
von Atomen zusammen gesetzt ist wie die des weißen. Damit hängt zusammen, daß der Energiegehalt des roten Phosphor ein anderer (kleinerer) ist,
als es beim weißen der Fall ist. Es hat sich nämlich gezeigt, daß sich der rote
Phosphor aus dem weißen unter W ä r m e e n t w i c k l u n g bildet. Damit
stimmt überein, daß beim Verbrennen des roten Phosphors eine kleinere
Wärmemenge frei wird als beim Verbrennen des weißen. Die als chemische
Energie durch die Lagerung der Atome zueinander im Kristall bzw. in der
Molekel aufgespeicherte, **latente** Wärme ist demnach die Ursache des verschiedenen Vorkommens der Elemente. Vgl. Sauerstoff (O_2) und Ozon (O_3),
sowie Graphit und Diamant S. 95, ferner S. 20, Fn. 2 und 53!

Verbrennen wir weißen (oder roten) Phosphor unter einer Glasglocke, die auf einer für sie zugeschliffenen Platte ruht, so erhalten wir
das uns schon bekannte Verbrennungsprodukt P_2O_5, in welchem der
Phosphor fünfwertig ist. Man nennt das Oxyd **Phosphorpentoxyd** (vgl.
S. 50 und 40!).

Übg.: Liegt Phosphorpentoxyd einige Zeit an der Luft, so zerfließt es zu
einer glasigen Masse. Also hat es wohl „Wasser aus der Luft gezogen", ist
hygroskopisch. Frisches Phosphorpentoxyd ist ein w e i ß e s, im Aussehen an
Schnee erinnerndes, geruchloses Pulver. In einer Porzellanschale wird dazu
etwas Wasser gespritzt. Es zischt, wie wenn man Wasser auf eine heiße Herdplatte spritzt. Ein Teil des zugespritzten Wassers wird in Dampf verwandelt
und v e r n e b e l t dadurch etwas Oxyd. Durch Befühlen der Schale kann
man starke Erwärmung feststellen. Lackmus- und Geschmacksprüfung ergibt
saures Verhalten.
E r g e b n i s : Der dieser „chemischen" Lösung zugrunde liegende Vereini-
gungsprozeß ist von auffallenden Erscheinungen (stark positive Wärmetönung) begleitet, die wir schon vom Säureanhydrid der Schwefelsäure
kennen. P_2O_5 ist demnach ein Säureanhydrid.

Obwohl sich von P_2O_5 mehrere Phosphorsäuren ableiten, nehmen wir
zur Vereinfachung in diesem Teil an, daß der schon auf S. 66 erwähnte

---

[1]) allos = anders; trepein = wenden (gr.).

Vorgang nach folgender Gleichung verläuft: $P_2O_5 + 3\,H_2O = 2\,H_3PO_4$. Diese O r t h o p h o s p h o r s ä u r e [1]) hat 3 ersetzbare Wasserstoffatome und kann also mit einem einwertigen Element 3 verschiedene Salze **(Phosphate)** bilden, z. B. mit Kalium:

KH_2PO_4,	K_2HPO_4,	K_3PO_4
primäres	sekundäres	tertiäres
K-Phosphat,	K-Phosphat,	K-Phosphat
Kalium-	Dikalium-	(Erklärung der
dihydrogen-	hydrogen	Fachausdrücke
phosphat	phosphat	s. S. 52 u. 88!)

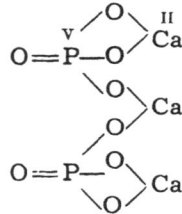

Obige Bauformel für das tertiäre Kalziumphosphat $Ca_3(PO_4)_2$, wird gewöhnlich dem Mineral **Phosphorit** zugeschrieben.

Die Salze der Phosphorsäure. Die Phosphate von Natrium, Kalium und Ammonium sind sämtlich in Wasser löslich. Vom Kalzium sind die tertiären und sekundären Phosphate unlöslich, die primären hingegen in Wasser löslich. Nach neuestem Stand besitzen jedoch die tertiären Phosphate die Zusammensetzung des weit verbreiteten Minerals A p a - t i t $Ca_5(PO_4)_3F$, wobei F durch Cl oder **OH** vertreten sein kann. Durch Verwitterung solcher Mineralien gelangen Phosphorverbindungen in die Ackererde. Bedeutende Lager von Phosphaten findet man in Deutschland im Lahntal. Viel ergiebiger sind die Lager in Nordafrika und in Florida, ferner auf einer Anzahl von Inseln in Mittelamerika und im Stillen Ozean.

D e r W e r t d e r p h o s p h o r s a u r e n S a l z e ist darin begründet, daß Phosphate für das Gedeihen der Pflanzen unentbehrlich sind und daß durch die Vermittlung der P f l a n z e n n a h r u n g P h o s p h o r - v e r b i n d u n g e n v o n u n s a u f g e n o m m e n werden müssen. Die Bildung unserer Knochen, unserer Nerven- und Gehirnmasse sowie die Vorgänge in unseren Muskeln sind ohne Phosphorverbindungen unmöglich. Letztere sind denn auch oft vom Arzte verordnete Heilmittel. Andererseits scheiden Mensch und Tier in Harn und Kot Phosphate aus, die den Pflanzen wiederum als Nahrungsstoffe dienen können. Als **phosphorreich** berühmt ist der **Guano** der Fische fressenden Küstenvögel, der gleichzeitig ein Stickstoffdünger ist. In ihm sind die Phosphate der Fischknochen zu großem Teile enthalten. Es ist möglich, daß manche Phosphatlager aus vorzeitlichen Ablagerungen von Guano entstanden sind: Koprolithe.

Daß die tertiären Phosphate in Wasser unlöslich sind, bedeutet eine Behinderung für die Aufnahme durch Pflanzen aus dem Boden. In-

[1]) = die richtige Phosphorsäure, zum Unterschied von der meta- und pyro-Säure.

dessen tragen C-haltige Säuren, besonders Kohlensäure, welche die
Pflanzen auch an den Wurzeln ausscheiden, dazu bei, die unlöslichen
Phosphate zu lösen. Man kommt daher den Pflanzen dadurch zu Hilfe,
daß man den Phosphorit, bzw. die „Apatite", durch Behandlung mit
60 %-iger Schwefelsäure in primäre Phosphate überführt:

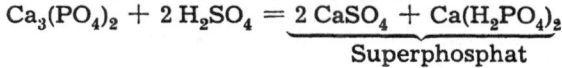

$$Ca_3(PO_4)_2 + 2\,H_2SO_4 = \underbrace{2\,CaSO_4 + Ca(H_2PO_4)_2}_{Superphosphat}$$

Das bei diesem Prozeß entstandene Kalziumsulfat ist kein Nachteil, da
die Pflanzen Kalzium und Schwefel gut gebrauchen können. Die Mischung aus primärem Kalziumphosphat und $CaSO_4$ heißt **Superphosphat.** Bei Aufschluß mit Phosphorsäure erhält man sog. Doppelsuper-
phosphat, nahezu reines primäres Ca-Orthophosphat. Das primäre Kalziumphosphat, der Hauptbestandteil des Superphosphates, verwandelt
sich im Laufe der Zeit im Boden wieder in tertiäres Phosphat. Dies
vermag jedoch den Wert des Superphosphates nicht zu beeinträchtigen.
Durch die anfängliche Löslichkeit wird es im Boden k o l l o i d
v e r t e i l t und kann so auch als tertiäres Phosphat von den Pflanzen
v i e l l e i c h t e r a u f g e n o m m e n w e r d e n. Ein weiteres phos-
phorhaltiges Düngemittel außer dem Guano und dem Superphosphat
ist die Thomasschlacke (s. S. 126!). Der Wert der P-Düngemittel wird
durch Lösen in 2 %-iger Zitronensäure als zitratlösliche Phosphorsäure
bestimmt, in welcher sich Apatite nicht lösen.

Gleich dem Stickstoff und dem Kohlenstoff durchläuft auch der Phosphor
einen **Kreislauf in der Natur.** Ursprünglich war er wohl in Mineralien, als
Phosphat gebunden, vorhanden. Von den Pflanzenwurzeln aufgesogen, werden die Phosphate zum Aufbau phosphorhaltiger Pflanzenstoffe verwendet
und gelangen mit der Pflanzennahrung in die Tiere. Diese brauchen, wie
schon erwähnt, besonders für Nerven und Knochen P-haltige Nahrung. Mit
den Ausscheidungsprodukten der Tiere und der Menschen kommen Phosphorverbindungen wieder in den Boden. Diese Rückgabe wird vollständig nach
dem Tode, wo durch die Verwesung jede Phosphatmolekel der Erde wieder
zurückerstattet wird.

Die weiße Form des Elementes Phosphor ist ein schweres Gift (0,1 g [!]
tötet einen erwachsenen Menschen), andererseits ist Orthophosphorsäure
ganz ungiftig, ja sogar in gewissen Verbindungen ein beträchtlicher Bestandteil unseres Körpers. Danach richtet sich die Behandlung von Phos-
phorbrandwunden, welche bei unvorsichtiger Handhabung des P unver-
mutet eintreten können. Mit einem nassen Wattebausch wird der Phosphor
am Brennen gehindert und, soweit erkennbar, mit der Pinzette entfernt.
Dann kommt die E n t g i f t u n g der Wunde durch Kupfersulfatlösung
(5-proz.). Die Wirkungsweise zeigt folgender Modellversuch[1]): Zu Phosphor-
lösung in Schwefelkohlenstoff gibt man 10-proz. Kupfersulfatlösung. Nach
kurzer Zeit bemerkt man ziegelrote (Cu_2O), schwarze und je nach den
Phosphormengen auch hellrote Ausscheidung (metallisches Kupfer bzw.
Phosphorkupfer) und s t a r k s a u r e Reaktion.

---

[1]) Beim Übergießen eines Stückes festen Phosphors mit $CuSO_4$-Lösung ist
die Reaktion auf größere Entfernungen nicht erkennbar, da die Farbe der
$CuSO_4$-Lösung die hellrote Farbe des reduzierten Kupfers verdeckt.

Wir denken uns die $CuSO_4$-Molekel im CuO und SO_3 gespalten. Letzteres liefert mit dem Lösungswasser H_2SO_4. Dem CuO wird vom Phosphor Sauerstoff entrissen, wodurch es in die obengenannten Ausscheidungen übergeht (Cu_2O und Cu bzw. Phosphorkupfer). Der Phosphor wird durch den abgegebenen Sauerstoff oxydiert und liefert mit dem Lösungswasser P h o s - p h o r s ä u r e. Die gedachte Spaltung der Kupfersulfatmolekel wird durch die Reduktionswirkung des Phosphors tatsächlich bewirkt. Es entstehen z w e i s t a r k e S ä u r e n, die zwar nicht giftig sind, aber äußerst heftige Schmerzen verursachen. Das weiß jeder, der einmal zufällig auf eine offene Hautstelle verdünnte Salzsäure gebracht hat. Die Ätzwirkung muß deshalb durch Salzbildung aufgehoben werden, und zwar nimmt man dafür 2-proz. Lösung von doppeltkohlensaurem Natrium (Natriumbikarbonat, vgl. S. 85!), dessen Wirkungsweise wir später kennenlernen, spült mit reinem Wasser und verfährt dann wie bei einer normalen Brandwunde.

Mit 10-proz. Kupfersulfatlösung können kleine Phosphorteilchen, welche in Bodenritzen gedrungen sind, aus dem gleichen Grunde unschädlich gemacht werden.

Der elementare weiße Phosphor findet **Verwendung** als Gift gegen Ratten, als Zusatz zur Bronze, welcher er eine große Härte verleiht (Phosphorbronze), und für die Herstellung von Zündwaren. Über die Verwendung des Phosphors zu Streichhölzern und P h o s p h o r d a r s t e l l u n g vgl. II, 93 und 95!

VI. Kohlenstoff; wichtigste Verbindungen

28. Kohle und Kohlenstoff

Carboneum[1]) C; Atomgewicht 12,010. Von Jugend an ist uns Kohle ein vertrauter Begriff. Wir können uns Zeiten, in denen Steinkohle im Volksbewußtsein keine Rolle gespielt hat, gar nicht recht vorstellen. Und doch waren die Anfänge der chemischen Industrie (Metalle und Glas) durch viele Jahrhunderte hindurch an den Werkstoff Holz gebunden. Da Holz im Ofen bei unvollständiger Verbrennung „verkohlt", d. h. in eine kohlenähnliche Masse übergeht, können wir auf einen reichen Kohlenstoffgehalt des Holzes schließen.

Obwohl die Steinkohle seit über 2000 Jahren dem Menschen bekannt war, wurden die ersten Versuche, sie gewerblich auszunützen, in Europa zuerst bei Aachen im 12. Jahrhundert gemacht, als Holz und Holzkohle teuer wurden. Der schlesische Bergbau wurde erst am Ende des 16. Jahrhunderts aufgenommen. Der Kohlenbergbau in grösserem Ausmaße begann jedoch noch später, in der Mitte des 18. Jahrhunderts. Bis in das 19. Jahrhundert hinein war die Kohlenförderung eine mühsame, noch dazu sehr gefährliche [2]), aber immerhin nutzbringende Tätigkeit, keineswegs aber lebensnotwendig für die Deutschen der damaligen Zeit. Gegenwärtig aber sind Kohle, Salz und Erz

---

[1]) Von lat. carbo = Kohle.
[2]) Wegen der Schlagwetterexplosionen (S. 101), deren Gefährlichkeit erst durch die Konstruktion der Davyschen Sicherheitslampe wesentlich gemindert wurde (S. 52).

für ein Volk wertvoller als reichliche Vorräte an Edelmetall. Denn das Arbeiten, Arbeitenkönnen und Arbeitenwollen, der Fleiß [1]), ist die Grundlage für die Lebenshaltung eines Volkes. Als nun infolge der starken Zunahme des deutschen Volkes neben das bäuerliche Arbeiten auch das industrielle treten mußte, hat dieses in immer steigendem Maße seine Entfaltungsmöglichkeit in der Kohle, daneben in Salz und Erz gefunden. Neben den Nahrung und Brot erzeugenden Bauern trat der industrielle Werte schaffende Bevölkerungsteil. Durch die um die Mitte des 19. Jahrhunderts einsetzende Industrialisierung wurde man sich allmählich des großen Wertes der Kohlenlager bewußt. Mit der fortschreitenden, chemischen Erkenntnis wurde aus dem **Hilfsstoff** Kohle für die Herstellung der Metalle und zur Energieerzeugung der **Rohstoff** für eine sich neu entwickelnde Großindustrie, die an Umfang und Bedeutung gleichwertig neben die alten Gewerbe trat. Neben der Steinkohle [2]) tritt immer mehr die **Braunkohle** [3]) als Industriegrundlage in den Vordergrund.

Formarten des Elementes. Kohlenstoff ist ein praktisch unschmelzbares Element, welches erst bei der Temperatur des elektrischen Flammenbogens zu sublimieren beginnt. Fast rein tritt er außer in der schwarzen, **amorphen** [4]) **Form** (z. B. Ruß) noch in zwei ganz verschieden aussehenden, kristallisierten Formen auf, nämlich als **Graphit** und **Diamant**. Im Gegensatz zum amorphen Kohlenstoff kann man beim **Graphit** unter dem Mikroskop Kristallplättchen erkennen. Da er eine sehr geringe Härte (1) besitzt, sich deswegen also leicht abreiben läßt, verwendet man ihn mit Ton gemengt als Füllmaterial für B l e i s t i f t e , wobei die Bleistifthärte von den Menge des Tonzusatzes abhängt. Auf der Gleitfähigkeit beruht die Verwendung als Schmiermittel. Die Widerstandsfähigkeit gegen hohe Temperaturen ermöglicht seine Verwendung zu Schmelztiegeln, um die Schmelzmasse von der Sauerstoffverbindung des übrigen Tiegelmaterials (feuerfester Ton) zu trennen. Auch Elektroden macht man häufig aus Graphit, da er die Elektrizität gut leitet und gegen chemischen Angriff, z. B. durch Chlor, sehr unempfindlich ist.

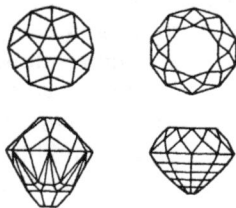

Bild 20.

Ganz anders als der schwarze Graphit sieht der **Diamant** aus. Er ist mit Hilfe seines eigenen Pulvers geschliffen ein glasklarer, funkelnder, außerordentlich kostbarer Edelstein. Sein großer Wert beruht auf der Fähigkeit, das Licht zu brechen und in Farben zu zerlegen (dem

---

[1]) Das Wort Industrie kommt von (lat.) industria = der Fleiß.
[2]) Förderung 1936: 158 Millionen t im Wert von 1,68 Milliarden M.
[3]) Förderung 1936: 161 Millionen t im Wert von 0,396 Milliarden M.
[4]) Nach neueren Forschungen aus einem unregelmäßigen Gewirr submikroskopischer Graphitkriställchen bestehend.

„Feuer"), die ihn als Schmuckstein sehr beliebt macht und ferner auf seiner **Härte 10;** Bild 20. Mißfarbige, als Schmucksteine nicht brauchbare Diamanten werden deswegen auch zum Schneiden von Glas und als Spitzen von Gesteinsbohrern verwendet.

Vorkommen von Graphit: Passau, Sibirien, Ceylon, USA; von Diamant: Brasilien, Indien, Südafrika.

Es gibt nun keineswegs ein weiches C-Atom im Graphit und etwa ein hartes im Diamant, sondern die Lagerung der Atome ergibt die Eigenschaften der 2 verschiedenen Erscheinungsformen des Elementes Kohlenstoff und den verschiedenen Energiegehalt derselben. Vgl. S. 91 und 19! Im Graphit sind die Atome in aneinandergeschlossenen Sechsecken in bienenwabenartigen Ebenen angeordnet. Der Abstand der „Gitterebenen" voneinander ist etwa $2^{1}/_{2}$mal so groß als der Abstand von 2 C-Atomen in einem Sechseck der Gitterebene, II, 29, Bild 9. Ganz anders und viel dichter liegen die C-Atome in dem kubischen (würfelartigen) Diamantgitter, in dem die Härte 10 sinnfällig zum Ausdruck kommt. Wie bei allen Kristallen sind aber auch hier beim härtesten Stoff im Gitter für die Spaltung bevorzugte Ebenen vorhanden. Die Kunst des Diamantschleifers ist es, aus dem Rohdiamanten möglichst große Stücke für den zu schleifenden Edelstein herauszuspalten.

S t e i n k o h l e n   u n d   B r a u n k o h l e n [1]   s i n d   v e r w i c k e l t g e b a u t e **Kohlenstoffverbindungen,** die für die deutsche Wirtschaft und Technik von größter Bedeutung sind. Mit ihrer Verwendung ist die g e s a m t e Industrie eng verflochten, wie später noch ausführlich gezeigt wird. Sie sind ein derart wertvoller R o h s t o f f , daß sie nicht in so ausgedehntem Maße direkt verfeuert werden sollten (S. 99). Bei der Verwendung als Brennmaterial ist der Kohlenstoffgehalt für den Heizwert maßgebend.

Fossile Kohlen: Anthrazit [2] 92—95 %/o C, Heizwert 8000—8200 kcal für 1 kg; Steinkohlen 75—90 %/o C, Heizwert 7000—8000 kcal; Braunkohle auf Trockensubstanz berechnet 60—75 %/o C, Heizwert 4000 bis 6000 kcal. Rezente Kohle. Torf, der auch in unserer Zeit in den Torfmooren gebildet wird 46—55 %/o C, Heizwert 3500—4000 kcal für 1 kg. Die fehlenden Prozente verteilen sich auf H-, O-, Asche- und Wassergehalt. Besonders hoch ist der Wassergehalt der sächsischen, im Tagbau gewonnenen Rohbraunkohlen 40—60 %/o (!) Wasser. Trotzdem sind sie wegen des leichten Abbaus als billigstes Heizmaterial für Energieerzeugung von großer Bedeutung. Zum Versand wird die Braunkohle häufig entwässert und in Briketts gepreßt (Heizwert 4700 kcal für 1 kg), abgesehen von der aus großen Tiefen z. B. in Oberbayern im Schachtbau geförderten Braunkohle, die an sich verhältnismäßig wenig Wasser enthält.

Eine G r u n d r e a k t i o n kohlenstoffhaltiger Verbindungen ist die **Zersetzungsdestillation,** früher auch als trockene Destillation bezeich-

---

[1] Die Vorräte des deutschen Gebietes von 1919 werden auf 56 Milliarden t Braun- und 80 Milliarden t Steinkohle geschätzt.
[2] gr. anthrax = Kohle.

net, weil man von trockenen Stoffen ausgehend flüssige Produkte gewinnt, ohne daß der feste Stoff im ganzen zum Schmelzen kommt.

Übg.: In einem schräg eingespannten Rgl. werden Holzspäne schließlich bei rauschender Flamme lebhaft geglüht. Von den aufsteigenden Nebeln, welche die Luft aus dem Rohr verdrängen und dadurch L u f t a b s c h l u ß bewirken, wird ein blaues Lackmuspapier g e r ö t e t. Man bemerkt den charakteristischen Geruch eines rauchenden Ofens, in welchem mit Holz angefeuert wird. Die sich lebhaft entwickelnden N e b e l werden nun angezündet und verbrennen mit leuchtender Flamme am Rande des Rgl. An den Wänden des Rgl. sieht man, solange sie noch kühl sind, 2 Flüssigkeiten: eine pappige Masse, den Holzteer, und eine leicht bewegliche, das Holzteerwasser, welches die sauer reagierenden Stoffe (Holzessig) enthält. Wenn die Flamme, welche hier um die Länge des Rgl. vom Holze getrennt ist, erloschen ist, läßt man erkalten und schüttet den Rückstand in eine Porzellanschale: H o l z k o h l e, in welcher noch die Jahresringe des Holzes erkennbar sind.

E r g e b n i s : Auch bei diesem einfachen Versuch kann man 4 Produkte unterscheiden: einen f e s t e n Rückstand, zwei F l ü s s i g k e i t e n , Teer und Teerwasser, und brennbare G a s e.

Wiederholt man den Versuch in einem s c h w e r s c h m e l z b a r e n Rgl. mit Steinkohle, so erhält man ein entsprechendes Ergebnis. Nur wird hier rotes Lackmuspapier vom ammoniakalischen Teerwasser gebläut, und es tritt der Geruch eines schlechtziehenden Kohlenofens auf.

Ergebnis: Durch das Auftreten von Ammoniak, das wir als NH_3 kennen, ist bewiesen, daß die Steinkohle Wasserstoff- und Stickstoffverbindungen des Kohlenstoffs enthält. Die übrigen bei der Wärmezersetzung auftretenden C, H und auch O enthaltenden, teilweise sogar mittelgroßen Molekeln beweisen die Richtigkeit der Aussage, daß Steinkohle eine Kohlenstoff v e r - b i n d u n g ist.

Eine sorgfältige technische Durchführung des 2. Versuches ist die **Leuchtgasgewinnung.** Da aber das Gas nur mehr sehr selten zur Beleuchtung verwendet wird, bezeichnet man es als **Stadtgas** oder schlechtweg als **Gas.**

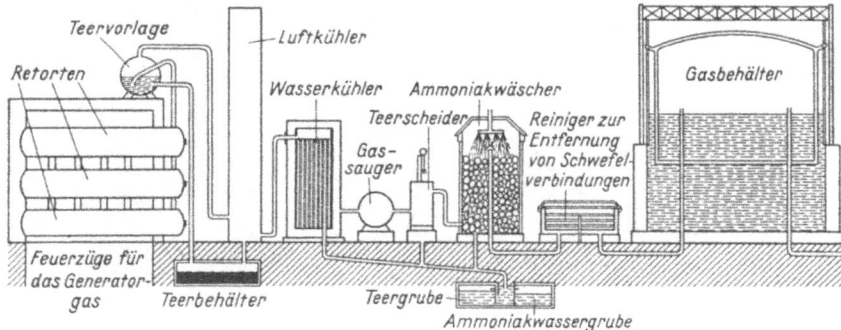

Bild 21.

29. Gaserzeugung durch Entgasung

Im Gaswerk wird eine besonders dafür geeignete Kohlensorte in weiten Rohren aus feuerfestem Ton (Schamotte), sog. Retorten, auf helle Gelbglut ca. 1100 ^{0} erhitzt. Unter dem Retortenofen befindet sich einige Meter tief die Heizanlage, in welcher Koks in besonderer Weise verbrannt wird (Generatorgasfeuerung) [1]). Die Retortengase treten in die V o r l a g e ein, wo sich Teerwasser und Teer abscheidet und ein für die periodische Entleerung und Neubeschickung wichtiger Flüssigkeitsverschluß der Einzelretorten erzielt wird. Im anschließenden Luftkühler wird die Kondensation von Teer und Teerwasser vervollständigt. Der nun folgende Gassauger stellt den Gasstrom so ein, daß in den Retorten **kein** Gas durch die Poren pressender **Überdruck** entsteht, aber auch andererseits von den Retorten kein Stickstoff aus dem Generatorgas eingesaugt wird. Der Gassauger hat namentlich den Druck des auf ihn folgenden Teerscheiders [2]), welcher das Gas **e n t - n e b e l t**, zu überwinden. In den darauf folgenden Wäschern, von welchen nur der Ammoniakwäscher angegeben ist, wird das Gas physikalisch von störenden, aber gut verkäuflichen Produkten befreit und in den Trockenreinigern durch chemische Einwirkung vollends gereinigt. Der in die Reinigungsapparate eintretende Gasstrom besteht aus 46 % Wasserstoff, 32 % Methan, 8 % Kohlenoxyd, je 4 % schweren Kohlenwasserstoffen, Kohlendioxyd und Stickstoff und je 1 % Schwefelwasserstoff und Ammoniak. Um daraus brauchbares Leuchtgas her-

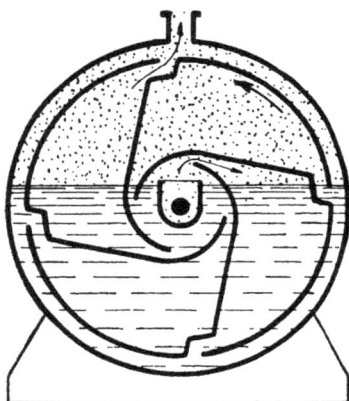

Gaszähler.
Bild 22.   Bild 22a.

zustellen, müssen alle hierfür nicht geeigneten Gase entfernt werden. Das sind solche, bei deren Verbrennung entweder ü b e l r i e c h e n d e

---

[1]) s. S. 108!

[2]) Der Teernebel wird durch engmaschige, gegeneinander versetzte Drahtnetze hindurchgezwungen, und so werden die kleinen Nebelteilchen zu größeren verklebt, die schließlich hängen bleiben.

und giftige Produkte entstehen, die in Wohnungen nicht auftreten dürfen, oder solche, die ein zu starkes Rußen [1]) der Gasflamme und andere Störungen hervorrufen, nämlich **Kohlendioxyd, Ammoniak, Benzol, Naphthalin, Zyan** und **Schwefelwasserstoff.**

Aus der trockenen Gasreinigungsmasse werden beträchtliche Mengen von Zyanverbindungen und von elementarem Schwefel gewonnen. Bei der Besichtigung eines Gaswerkes fällt uns auf, daß dieses, was seine räumliche Ausdehnung betrifft, in der Hauptsache eine G a s - r e i n i g u n g s a n s t a l t ist, während die eigentliche G a s e r z e u - g u n g s anstalt auf einen verhältnismäßig kleinen Teil des Werkes, den der Retortenöfen, beschränkt bleibt. Das gereinigte Gas wird unter Vermittlung des Gaskessels, der dem Gas den Druck verleiht, über einen Gasmesser den Verbrauchern zugeleitet. Wegen des Kohlenoxydgehaltes ist das Leuchtgas in hohem Maße giftig. Die Entgiftung würde den Gaspreis zu sehr steigern. Ist auch das Heizgas das Hauptprodukt der meisten Gaswerke, so sind doch die **Nebenprodukte** für den Gaspreis mit ausschlaggebend. Die Wichtigkeit des Ammoniaks haben wir schon kennen gelernt (S. 87). Die aus dem Leuchtgas entfernten Verbindungen des Schwefels haben ebenfalls eine große Bedeutung, so daß der Kohlenbergbau, von der Entgasung der Kohle aus betrachtet, auch ein Bergbau auf Stickstoff- und Schwefelverbindungen ist.

Auch der Rückstand in den Retorten, der sog. **Koks,** ist ein wertvolles Produkt. Abgesehen von unverbrennlichen (schlackebildenden) Anteilen ist Koks nahezu reiner Kohlenstoff (bis zu 96 %), ein nicht flammendes Brennmaterial von bedeutend höherem Brennwert als die Ausgangskohle. Diese Steigerung des Brennwertes ist erkauft durch die Gewichtsminderung gegenüber der Ausgangskohle. 1000 kg g u t e r G a s k o h l e liefert 6 8 5 kg K o k s , 156 kg Gas = 287 cbm, 50 kg Teer, 80 kg Gaswasser bei 29 kg Verlust.

In die Asche bzw. Schlacke gehen die in die Steinkohlenpflanzen vor Jahrmillionen aufgenommenen Phosphorverbindungen über, soweit diese nicht bei der Entstehung der Kohlengesteine herausgelöst wurden, ferner die Metallverbindungen der Steinkohlenpflanzen.

Der Hochofenbetrieb (S. 123) erfordert ein Brennmaterial, das möglichst reiner Kohlenstoff ist und keine flüchtigen Bestandteile enthält. Der Gaskoks ist aber wegen seiner schwammigen Beschaffenheit und seines verhältnismäßig hohen Schlackengehalts für Metallherstellung fast unbrauchbar. Deshalb wird unter Gewinnung der Nebenprodukte in sog. K o k e r e i e n die Koksmenge, die für Hüttenzwecke benötigt ist, eigens gewonnen. Die Menge dieses „Hüttenkoks" übertrifft die des sog. „G a s k o k s" um rund das 6 fache [2]).

---

[1]) Benzol und Naphthalin (schwere Kohlenwasserstoffe).
[2]) Gaswerke (1935) 6,24 Millionen t Kohle verarbeitet: 2,82 Milliarden cbm Gas + 4,6 Mill. t Koks + 265000 t Teer + 33000 t Benzol; Gesamtabsatzwert 666 Mill. RM.

In den Retorten der Gasfabriken entsteht an den Wänden ein von Zeit zu Zeit zu entfernender Beschlag einer Kohlenart, sog. Retortengraphit, der sich aus dem eben erst entstandenen Gasgemenge durch thermische Zersetzung an der überhitzten Retortenwand abscheidet. Verwendung in der Elektrotechnik.

30. Produkte aus dem Steinkohlenteer

Benzol kann durch wiederholte, fraktionierte Destillation (S. 102) aus dem Teer gewonnen werden und wird in größeren Gaswerken in besonderen Wäschern aus dem Leuchtgas ausgewaschen. In reinem Zustand ist Benzol eine farblose, klare Flüssigkeit von schwach süßlichem Geruch. In einer flachen Schale entzündet, brennt es mit stark rußender Flamme, so daß wir einen hohen C-Gehalt vermuten dürfen. Die chemische Analyse ergibt die Formel C_6H_6, III, 26.

Von den aus dem Steinkohlenteer (III, S. 135) abtrennbaren Stoffen sind 2 besonders zu nennen. Das **Naphthalin** $C_{10}H_8$, glänzend weiße Blättchen von eigentümlichen Geruch, III, S. 33, wird vielfach als „Mottenpulver" verwendet. Wenn es nicht vollständig aus dem Leuchtgas entfernt wird, treten Verstopfungen der Gasleitungen auf. Deshalb werden bei der Verlegung der Rohre besondere Vorkehrungen getroffen. Das **Phenol** C_6H_6O, ein fester, niedrig schmelzender, nahezu farbloser Stoff wird gewöhnlich in Form von Lösungen zur Desinfektion verwendet. Wegen seines sauren Charakters schreibt man seine Formel häufig C_6H_5OH und bezeichnet ihn als **Karbolsäure,** zu deutsch Kohlenölsäure, III, 70.

Von diesen 3 und noch anderen Stoffen des Steinkohlenteers ausgehend wurden seit etwa 80 Jahren zahlreiche **Farbstoffe** und **Arzneimittel** hergestellt. In neuester Zeit steht die Herstellung von **Kunststoffen,** III, 139, im Mittelpunkt der Erfindertätigkeit.

31. Einige Wasserstoffverbindungen des Kohlenstoffs

Wenn man mit einem Stock in einem Sumpf herumrührt, steigen Blasen auf. Die Prüfung dieses „Sumpfgases" auf Brennbarkeit ergibt, daß es mit schwach leuchtender Flamme verbrennt. Aus den dabei entstehenden Stoffen (Prüfung auf CO_2 und Feststellung von H_2O) folgt, daß es aus C und H zusammengesetzt ist. Die quantitative Analyse des von Beimengungen gereinigten Gases und seine Molgewichtsbestimmung führt auf die Formel CH_4, welche der IV-Wertigkeit des C-Atoms entspricht: **Methan,** S. 101. Es tritt auch im Betrieb der Stein- und Braunkohlenbergwerke auf, weshalb es auch „Grubengas" genannt wird. Hier wie in den Sümpfen ist es offensichtlich ein A b b a u produkt untergegangener Pflanzen. Mit Luft gemischt, bildet

Methan ein hoch explosionsgefährliches Gemenge. Dies erklärt das Auftreten der „Schlagenden Wetter", die ungezählten Bergarbeitern schon das Leben gekostet haben. Vgl. auch Staubexplosionen und Grubenlampe S. 48, 52 und 94!

Die biochemische Herkunft wird dadurch bewiesen, daß man in Steinkohlenbergwerken zahlreiche Versteinerungen von Pflanzen, insbesondere solche von riesigen Farnen und Schachtelhalmen findet. Diese standen in einer Landschaft, die mit großen Waldmooren bedeckt war. In ihnen bildeten von den Bäumen abgefallene Blätter und Zweige zusammen mit sonstigen untergegangenen Pflanzen, die in den Mooren wuchsen, den sog. F a u l - s c h l a m m, eine moorige Masse. Bei der Verwesung u n t e r   L u f t a b - s c h l u ß (Gärung) entsteht CO_2, d. h. **ein** entweichendes C-Atom nimmt **zwei** O-Atome mit. Dadurch wird die zurückbleibende Molekel an C und auch an H angereichert. Schon der Torf enthält, auf Trockensubstanz berechnet, 10 % mehr C als das Holz. Vgl. a. S. 113! Als sich in späteren Erdzeitaltern neue Schichten darüber ablagerten, machte der Faulschlamm nicht nur noch eine Reihe chemischer Veränderungen durch, sondern er wurde auch zu einer steinharten Masse, der S t e i n k o h l e, zusammengepreßt. Steinkohle besteht aus Kohlenstoffv e r b i n d u n g e n, besonders aus solchen, die W a s - s e r s t o f f enthalten. Vgl. S. 112 und die Gärungsgleichung S. 114!

Methan läßt sich auch synthetisch dadurch herstellen, daß man Wasserstoff bei hoher Temperatur über Ruß leitet: $C + 2 H_2$ (feinverteiltes Nickel als Katalysator) → CH_4 (Hydrierung).

Methan entströmt aus sog. G a s q u e l l e n, die mit Erdöl in Verbindung stehen. Doch ist es hier nicht der einzige Bestandteil des sog. **Naturgases.** In ihm finden wir weitere gasförmige Verbindungen von Kohlenstoff mit Wasserstoff, wie z. B. das Ä t h a n (C_2H_6) und das

P R O P A N (C_3H_8). Alle drei sind brennbare Gase. Vergleichen wir die Formeln von Äthan und Propan mit der des Methans, so kommt man mit der Wertigkeit nur dann zurecht, wenn sich hier die K o h l e n s t o f f a t o m e untereinander b i n d e n.

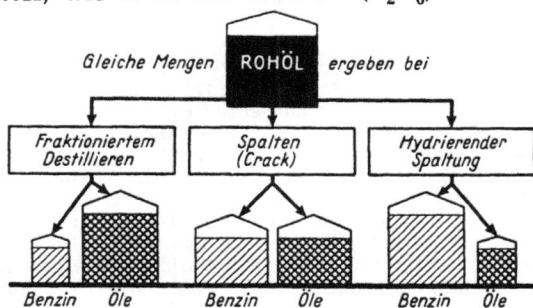

Gleiche Mengen ROHÖL ergeben bei

Fraktioniertem Destillieren | Spalten (Crack) | Hydrierender Spaltung

Benzin   Öle   Benzin   Öle   Benzin   Öle

Bild 23.

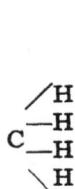

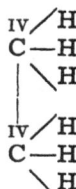

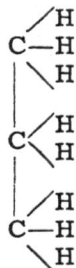

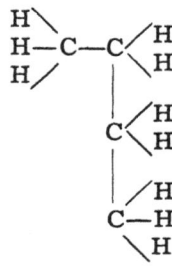

Methan CH_4 Äthan C_2H_6 Propan C_3H_8 Butan C_4H_{10}

Es ist eine Besonderheit des C-Atoms (S. 82), daß die weitere Verlängerung der Ketten durch Einschiebung von CH_2-Gruppen nicht nur auf dem Papierblatt vorgenommen werden kann, sondern in chemisch sehr beständigen Naturprodukten verwirklicht ist. Als allgemeine Formel derartiger Verbindungen ergibt sich: C_nH_{2n+2}.

Das **Erdöl**, das in Deutschland an manchen Stellen, in Hannover und am Tegernsee, vorkommt, besonders aber in großen Quellen in Rumänien, im Kaukasus und Irak, in Indonesien, Süd- und Nordamerika der Erde aus Bohrlöchern entströmt, besteht fast aus lauter Kohlenstoff-Wasserstoffverbindungen (kurz K o h l e n w a s s e r s t o f f e n). Wahrscheinlich ist auch das Erdöl wie die Steinkohle ein Umwandlungsprodukt ehemaliger Organismen. Genauere Angaben III, 21! Die Kohlenwasserstoffe mit wenig Kohlenstoffatomen (bis C_4) sind bei Atmosphärendruck gasförmig, die mit mehr sind flüssig, von C_{14} an sind sie fest. Die einzelnen Gruppen der Kohlenwasserstoffgemische kann man durch f r a k t i o n i e r t e [1]) D e s t i l l a t i o n voneinander trennen, indem man das Destillat entsprechend den steigenden Siedetemperaturen in getrennten Teilen auffängt. Vgl. III, 18!

Bei 40^0—70^0 destillieren flüchtige Anteile aus Kohlenwasserstoffen. Man bezeichnet sie zusammen als **Petroleumäther**. Sie dienen als Flüssigkeit zum Entfernen von Fettflecken und als Lösungsmittel für Harze usw. Zwischen 70^0 und 90^0 destillieren Kohlenwasserstoffe, deren Gemenge als **Gasolin** bezeichnet wird und einen hochwichtigen Treibstoff für Motoren, insbesondere solche für Auto und Flugzeug bildet. Überhaupt bezeichnet man alle bis zu 150^0 überdestillierenden Wasserstoffe kurzweg als **Benzin**. Was zwischen 150^0 und 250^0 übergeht, ist das eigentliche **Petroleum**, das früher als L e u c h t ö l eine große Bedeutung hatte. Über 300^0 destillieren sog. **Gasöle**, die als Treibstoff für Dieselmotoren verwendet werden, und bei noch höherer Temperatur destilliert die **Vaseline**, die sowohl als Schmiermittel als auch als Grundlage für Salben bekannt ist.

Wird B r a u n k o h l e nach Art der Gasfabrikation, jedoch bei weit niedrigerer Temperatur ($\approx 500^0$) der trockenen Destillation unterworfen, so entstehen ähnliche Kohlenwasserstoffe wie die des Erdöls, mit ähnlicher Verwendung. Wichtig ist hier als Hauptprodukt der „Schwelung" (Tieftemperaturverkokung) das feste **Paraffin**, das zur Kerzenherstellung dient. Der dabei anfallende Braunkohlenkoks führt die Bezeichnung Grudekoks. Er ist ein schwarzes, lockeres, leicht entzündliches Pulver, das ohne Flamme glimmend verbrennt. Wegen seiner gleichmäßigen Wärmeabgabe wird er in besonders konstruierten Grudeherden als Brennstoff verwendet.

Im Zuge der Entwicklung der Verbrennungsmotoren hat sich herausgestellt, daß der flüssige Brennstoff dem festen Koks und der Steinkohle weit überlegen ist, nachdem schon lange vorher die Industrie an Stelle der direkten Feuerung immer mehr Heizgase zur Anwendung gebracht hatte (S. 108). Das hatte zunächst den Ersatz der Kohlenfeuerung durch Ölfeuerung und schließlich die steigende Verwendung von Ölmotoren zur Folge. Die gewaltige Zunahme des Auto- und Flugverkehrs machte das Benzin zum begehrtesten Produkt der Erdölindustrie. Schon vor der motortechnischen Entwicklung hatte die Verdrängung der Petroleumbeleuchtung zuerst durch die Gasbeleuchtung und schließlich durch das elektrische Licht das ursprüngliche Hauptprodukt, das Petroleum, allmählich unverkäuflich gemacht. In der

---

[1]) Lat. frangere = brechen, weil mit Unterbrechungen destilliert.

Formel unterscheiden sich Benzin und Petroleum nur durch die Länge der Kohlenstoffketten. Die Aufgabe, die großen Ketten in kleine zu zerlegen, wurde durch den vielfach patentierten Crackprozeß gelöst, III, 19.

Das Element Kohlenstoff ist praktisch unschmelzbar; außer glutflüssigen Metallen gibt es kein Lösungsmittel für Kohlenstoff, vor allem kein selbst brennbares. Kohlenstoff hat auch keinen Vergasungspunkt, der technisch niedrig genug läge. Deshalb ist man gezwungen, sowohl zur Verflüssigung als auch zur Vergasung den stofflich ändernden Weg einzuschlagen, nämlich **die Erzeugung flüssiger** oder gasförmiger **Kohlenstoffverbindungen.**

1. Durch besondere Methoden kann man aus Wasserstoff und Kohle, und zwar auch aus m i n d e r w e r t i g e r K o h l e h o c h w e r t i g e K o h l e n - w a s s e r s t o f f verbindungen herstellen. Diese können als T r e i b s t o f f e für die M o t o r e n , als Schmieröle, Heizöle ähnlich wie die Produkte aus dem Erdöl verwendet werden; **Bergin**verfahren III, 20.

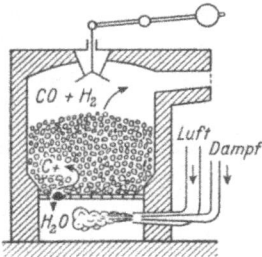

Bild 24.

2. Ausgehend von einem Gemisch von Kohlenoxyd und Wasserstoff werden durch katalytische Reaktionslenkung Kohlenwasserstoffe von Methan bis zu den festen Paraffinen hergestellt, **Kogasin**verfahren III, 21.

Das Ausgangsmaterial ist leicht zugänglich, da glühender Koks Wasser zu Wasserstoff reduziert nach der Gleichung $C + H_2O = CO + H_2$ — 27 kcal. Das Gemenge heißt Wassergas [1]). Diese Umsetzung ist eine **Vergasung** der gesamten Kohlenmasse, im Gegensatz zur **Entgasung** bei der Leuchtgasgewinnung mit dem Rückstand Koks. Das Gasgemenge Wassergas ist auch ein hochwertiges **Heizgas.** Der Wärme- v e r b r a u c h der Umsetzung macht periodisches Hochheizen durch Zublasen von Luft erforderlich.

32. Aktive Kohle (A-Kohle)

Kohlenstoff aus Tier- und Pflanzenstoffen gewonnen, wird in der Regel nach den Ausgangsstoffen benannt als Tierkohle, Blutkohle, Knochenkohle, Zuckerkohle usw. Die Bezeichnungen sind eigentlich unrichtig. Denn die fossilen Kohlen (Anthrazit, Steinkohle, Braunkohle und auch der Torf, S. 83 und 96) sind Kohlenstoffverbindungen, während die Holzkohle eher als Holzkoks zu bezeichnen wäre. Für sie gilt das gleiche, was für den Koks aus Steinkohle gesagt wurde. Außer Kohlenstoff enthält sie unverbrennliche Anteile, welche aber bei der erreichten Verbrennungstemperatur noch nicht schmelzen, sondern als lockerer Staub (Asche) zurückbleiben. Die Tierkohle, Holzkohle, Kokosnußkohle usw. sind **außerordentlich poröse Stoffe** mit großer **innerer Oberfläche,** die durch Zusätze und Einhaltung von besonderen Bedingungen bei der Verkokung enorm gesteigert werden kann: 1 g Erlenholzkohle kann so auf 360 qm innerer Oberfläche gebracht werden.

---

[1]) Deswegen wird der glühende Koks aus den Gasretorten mit einer s e h r starken Brause plötzlich abgekühlt. Man sieht häufig die über den Gaswerken schwebenden Ablösch-Wasserdampfwolken. Wenig Wasser befördert sogar das Brennen, v i e l Wasser löscht die Glut!

Derartige a k t i v e K o h l e vermag nun Gase und Dämpfe, namentlich von hohem Molekulargewicht, festzuhalten, zu „adsorbieren". Darauf gründet sich die Verwendung der aktiven Kohle in den Atemschutzgeräten. Wenn wir uns daran erinnern, daß unsere Lungen eine innere Atmungsfläche von 200 qm besitzen, so beruht die Wirkung der aktiven Kohle in der Vorschaltung einer großen, inneren Oberfläche von Tausenden von qm, welche die schädlichen Molekeln von hohem Molgewicht abfangen. Dabei wird die Zusammensetzung der Luft aus Sauerstoff und Stickstoff nicht geändert.

Übg.: In R o t wein wird gepulverte Tierkohle geschüttet und nach Umschütteln filtriert. Das Filtrat ist f a r b l o s e r W e i n , dessen Alkoholgehalt wir am Geschmack und Geruch, besonders beim Erwärmen, feststellen können. Tierkohle hat demnach die Fähigkeit, Stoffe von hohem Molekulargewicht und komplizierter Zusammensetzung herauszunehmen. Die einfachen Molekeln H_2O und Alkohol (C_2H_6O) bleiben nicht an der Kohle hängen. Die Entfärbung beruht nicht auf einer Zerstörung der Farbstoffmolekeln, sondern sie werden durch Oberflächenanziehung festgehalten, adsorbiert.

Der Versuch zeigt die Wirkungsweise der Entfärbungspulver. Bei der Herstellung von Haushaltszucker wird die Filtration durch Tierkohle im großen verwendet, um eine entfärbte Kristallisationslösung zu erhalten. Aber nicht nur zur Verschönerung, sondern auch zur Entfernung gesundheitsschädlicher Anteile wird die Kohlefiltration angewandt, z. B. bei der Trinkwasserreinigung. In Form von medizinischer Kohle wirkt sie auch innerlich, im Magen und Darmkanal bei Verdauungsstörungen durch Adsorption von Bakterien und Bakteriengiften. Deshalb wird sie auch als Beifutter für Haustiere, Geflügel, Schweine, Rinder zu deren Gesunderhaltung gegeben.

Die Übg. gibt auch Hinweise dafür, daß aktive Kohle gegen CO und NH_3 unwirksam ist. Der verwickelten Zusammensetzung gelöster Stoffe entspricht bei Gasen die Differenz des spezifischen Gewichtes (Molgewichtes) gegenüber der Luft. Schwere Gase können sich offensichtlich weniger aus der Adsorption an Kohle befreien als leichte Gase. CO ist spezifisch gleich schwer mit Luft, NH_3 sogar leichter. Wenn Rettungsmannschaften Räume mit derartigen Gasausströmungen betreten, müssen sie mit besonderem Atemschutz versehen sein.

Die Wirksamkeit gegen schwere Gase kann folgendermaßen gezeigt werden: zwei gleich große Zylinder werden durch Verdunsten von Br_2 mit Bromdampf gefüllt. In den einen wird gepulverte Tierkohle geschüttet. Die Wegnahme des Broms (ungefähr 5$^{1}/_{2}$mal schwerer als Luft) kann durch Vergleich mit dem unberührten Zylinder deutlich erkannt werden.

Beispiel aus der chemischen Technik. Aus Kokereigasen läßt sich Benzol (im Gaszustand etwa 5 mal spez. schwerer als erstere) quantitativ durch A-Kohle gewinnen; man arbeitet mit 2 Adsorptionstürmen. Wenn eine A-Kohlemasse mit Benzol gesättigt ist, wird der 2. Turm eingeschaltet und aus dem 1. das Benzol mit Wasserdampf ausgetrieben, wodurch die A-Kohle für neuerliche Adsorption regeneriert wird. Zur Rückgewinnung anderer leicht flüchtiger Lösungsmittel aus Abdämpfen wird ähnlich verfahren. Herstellung der A-Kohle auch aus Holzmehl oder Torf durch Verkokung bei Gegenwart von Zinkchlorid.

Infolge der großen inneren Oberfläche wirkt A-Kohle katalytisch, z. B. Zersetzung von H_2O_2 oder Oxydation von SH_2 zu elementarem Schwefel.

33. Kohlendioxyd, Kohlensäure und Karbonate.

Übg.: Das eine Ende eines Eisendrahtes wird um ein Stück Holzkohle gewickelt, das andere Ende durch einen Kork gesteckt, der auf einen Halbliter-Erlenmeyer paßt, so daß sich die Holzkohle im unteren Drittel des Gefäßes befindet. Die angeglühte Holzkohle wird in den mit O_2 gefüllten Erlenmeyer eingeführt: Die Holzkohle verbrennt mit heller Gelbglut und k l e i n e r, schwach blauer Flamme (Funkensprühen rührt vom „Anbrennen" des Eisendrahtes her, S. 47). Die Flamme entsteht dadurch, daß die Verbrennung des Kohlenstoffes in 2 Stufen erfolgt:

I. $2 C + O_2 = 2 CO$; II. $2 CO + O_2 = 2 CO_2$. Das Kohlenoxyd verbrennt als Gas mit Flamme. Nach dem Erlöschen und Erkalten wird der Korkstöpsel herausgenommen:

1. Ein eingeführter brennender Holzspan erlischt.
2. Etwa $^1/_4$ 1 Wasser wird eingegossen, mit dem Handballen verschlossen und heftig geschüttelt. Der Handballen wird angesaugt: das Gas wurde vom Wasser gelöst.
3. Lackmus zur Lösung gibt Weinrotfärbung.
4. Kalkwasser [1]) wird stark getrübt.

Aus Versuch (1) geht hervor, daß das Verbrennungsprodukt CO_2 F l a m m e n zum Erlöschen bringt, vgl. S. 39! Daraus dürfen wir schließen, daß Anhäufung von Kohlendioxyd auch die A t m u n g erschwert und schließlich unmöglich macht (II, 8 und 15). Darauf beruht auch die Anwendung von Kohlendioxyd als Feuerlöschmittel und das Ausblasen eines Streichholzes durch den raschen Gasstrom der ausgeatmeten, CO_2-reichen Luft.

Bei Versuch (2) muß eine neue, chemische Verbindung und zwar eine Säure (3) entstanden sein. Unsere beiden Stoffe treten wie bei Übg. S. 74 nach der Regel S. 67 zusammen. $CO_2 + H_2O = H_2CO_3$. Die entstandene Säure H_2CO_3 führt den Namen **Kohlensäure**. Nun verstehen wir auch besser, warum der manchmal für Kohlendioxyd gebrauchte Name Kohlensäure ungenau, sogar falsch ist (Versuch 3). Vgl. S. 44!

Wie schon aus der geringen Lackmusrötung, Versuch (3), hervorgeht, ist die Kohlensäure eine s e h r s c h w a c h e Säure. Dazu kommt, daß bei der Aufnahme des Kohlendioxyds durch das Wasser sich n u r e i n k l e i n e r T e i l c h e m i s c h mit dem Wasser zu H_2CO_3 verbindet (bei 4° C nur 0,6 %); das übrige Kohlendioxyd (über 99 %) löst sich im Wasser ohne chemische Veränderung auf. Kohlensäure zerfällt demgemäß auch sehr leicht, z. B. beim schwachen Erhitzen oder beim Schütteln (Flaschenbier!), in ihre Teile H_2O und CO_2; $H_2CO_3 = H_2O + CO_2$. Wie man sieht, stellt dieser Vorgang die Umkehrung des obigen dar (vgl. S. 75!).

Die Bildung geringer Mengen Kohlensäure beim Zusammenbringen von Kohlendioxyd und Wasser ist aber durchaus nicht belanglos. Die

---

[1]) Ist eine filtrierte Lösung von gelöschtem Kalk $Ca(OH)_2$ in Wasser (S. 71).

Trübung des Kalkwassers bei Versuch (4) zeigt dies. Es bildet sich ein fester Stoff in der Flüssigkeit, ein N i e d e r s c h l a g , der durch Abfiltrieren gesondert werden kann. Der Niederschlag ist ein neuer, aus Kohlensäure und $Ca(OH)_2$ nach dem Reaktionstypus S. 70 entstandener Stoff: $H_2CO_3 + Ca(OH)_2 = 2\,H_2O + CaCO_3 \downarrow$. Vgl. S. 56!

Ursprünglich ist in wässeriger Lösung nur 0,6 % Kohlensäure vorhanden. Durch die Bindung an das Kalzium verschwindet diese Kohlensäure zunächst ganz. Aber gerade dadurch wird gewissermaßen „Platz" für die Bildung neuer Kohlensäure aus CO_2 und H_2O. So geht dies immer weiter, bis alle Kohlensäure und damit im Gefolge alles Kohlendioxyd zur Bildung des Kalziumsalzes verbraucht ist, vorausgesetzt, daß eine genügende Menge $Ca(OH)_2$ vorhanden war. Wir haben ein Salz der Kohlensäure, ein kohlensaures Salz, sog. **Karbonat,** erhalten. Der Stoff heißt demnach **kohlensaures Kalzium,** auch kohlensaurer Kalk oder **Kalziumkarbonat.** Der beschriebene Vorgang ist nichts anderes als die Einwirkung einer Säure auf eine Base, also eine N e u t r a l i s a t i o n . Auf $CaCO_3$ als Mineral und Gestein sowie auf das „Brennen" des Kalkes und die sich darauf aufbauenden Gewerbe wird im VII. Abschnitt und II, 112 eingegangen.

Vorkommen in der Natur: In Vulkangasen, Erdgasquellen, Kohlenbergwerken, in Wasser gelöst als „Säuerlinge". Gewinnung: Durch Kalkbrennen, z. B. in Zuckerfabriken, wo sowohl das Kohlendioxyd als auch der gebrannte Kalk gebraucht wird, III, 111; oder durch die bei niedrigerer Temperatur stattfindende thermische Zersetzung von $MgCO_3$. Techn. Reindarstellung: Vollständige Verbrennung von Koks, Absorption mittels Sodalösung (S. 107) und Erhitzen der entstandenen Bikarbonatlösung auf 100^0 (S. 108). Versand in Stahlflaschen.

Vielseitige Verwendung z. B. in Form von **Trockeneis** in der Kältetechnik (Tiefkühlung). Das feste CO_2 ($—79^0$) verdunstet ohne flüssig zu werden, „sublimiert" also. Da unter $30,9^0$ (kritische Temperatur) durch Druck (73 at) Verflüssigung eintritt, ist in Stahlflaschen bei Zimmertemperatur solange flüssiges Kohlendioxyd enthalten, bis der Druck auf etwa 50 atü gesunken ist. Läßt man durch Tiefhalten des Ventils die Flüssigkeit in einen Tuchbeutel auslaufen, so bildet sich infolge der großen Verdunstungskälte Kohlendioxyd-„Schnee", der mittels hydraulischer Pressen bei 30—50 atü zu festen Blöcken verpreßt wird. Kälteleistung für 1 kg 152 kcal, nahezu doppelt so viel als bei gewöhnlichem Eis. Weitere Vorteile diesem gegenüber: Keine feuchten Kühlräume, keine rostenden Eisenteile, kein von Bakterien befallener Schlamm, konservierende Einwirkung auf das Kühlgut.

Übg.: Zur Umsetzung mit Kalkwasser können wir auch unsere L u n g e n a l s CO_2 - G e n e r a t o r („Erzeugungsapparat") benutzen. Wir blasen in $Ca(OH)_2$-Lösung mit Hilfe einer ausgezogenen Glasröhre ausgeatmete Luft ein. Bei anhaltendem Hineinblasen löst sich der zuerst entstandene Niederschlag wieder auf. Da diese Lösung durch zweimalige[1]) Einwirkung von CO_2 hervorgerufen wurde, nennt man das gebildete, nunmehr wasserlösliche[2]) Produkt Kalzium b i karbonat oder d o p p e l t kohlensauren Kalk. — Durch Einwirkung der im Salz schon als Säurerest steckenden Säure kann sich nichts anderes bilden als ein saures Salz, hier ein Hydrogenkarbonat (s. S. 84,

---

[1]) Zuerst auf $Ca(OH)_2$ und dann auf $CaCO_3$!

[2]) Jetzt wissen wir auch, in welcher Form der Kalk im harten Wasser enthalten ist (s. S. 55!).

Fn.). In der Hitze ist der Vorgang rückläufig: beim Kochen fällt wieder $CaCO_3$ aus. S c h e i n b a r ist es weniger gegenüber der Fällung beim Einblasen. Das beruht jedoch darauf, daß in der Hitze kristallinische Ausfällung, Aragonit, erzielt wird, während in der Kälte äußerst feinflockiger Niederschlag, Kalzit, entsteht, der sich dem Auge deutlicher bemerkbar macht. Die Kristallform ist nämlich, je nach der Ausscheidungstemperatur (heiße — kalte Lsg.) verschieden; II, 34.

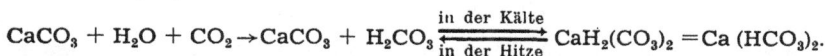

$$CaCO_3 + H_2O + CO_2 \rightarrow CaCO_3 + H_2CO_3 \underset{\text{in der Hitze}}{\overset{\text{in der Kälte}}{\rightleftharpoons}} CaH_2(CO_3)_2 = Ca\,(HCO_3)_2.$$

Das $CaCO_3$ löst sich in verdünnter Salzsäure unter Aufbrausen, bei der heißen Suspension besonders deutlich bemerkbar. Vgl. das sich ähnlich verhaltende SO_2 S. 74! Dieser Vorgang verläuft nach dem Verdrängungstypus (vgl. S. 79 und 84, ferner S. 129!).

$$CaCO_3 + 2\,HCl \longrightarrow CaCl_2 + H_2CO_3;\; H_2CO_3 \longrightarrow H_2O + CO_2\uparrow.$$

Auf dieser Einwirkung beruht eine bequeme **Darstellung**sweise für CO_2 im Kippschen Apparat **aus Kalkstein und roher Salzsäure**. Bild 13, S. 60.

Das in unserem Versuch aufschäumende CO_2 war noch vor wenigen Minuten ein Bestandteil unseres Körpers, und wenn wir in der Zeit noch weiter zurückgehen, waren seine C-Atome in einem Nahrungsmittel (etwa Gemüse oder Braten), welches im verdauten Zustand ins Blut übergetreten ist, in den Geweben des Körpers oxydiert wurde und als CO_2-Hämoglobin zur Lunge transportiert wurde.

Übg.: Man füllt ein etwa 1 l enthaltendes Becherglas mit CO_2 und stellt in ein ($1^1/_2$ l) Becherglas eine kleine brennende Kerze. Beim Eingießen des farblosen und deshalb unsichtbaren Gases erlischt die Kerze. Durch Einsenken einer brennenden Kerze kann man feststellen, wie hoch der „CO_2-Spiegel" steht.

E r g e b n i s : CO_2 i s t s c h w e r e r a l s L u f t (etwa $1^1/_2$ mal s o s c h w e r). Durch Geruchs- und Geschmacksprobe kann man feststellen, daß unverdünntes CO_2 angenehm sauer schmeckt und riecht wie Selterswasser oder Bierschaum, welchen es ja Geschmack und Geruch verleiht.

Andere Karbonate. Im 19. Jahrhundert heizte man in den Wohnungen hauptsächlich mit Holz. Die Holzasche wurde nicht weggeworfen, sondern mit siedendem Wasser überbrüht und wegen der stark reinigenden Wirkung zum Waschen und Putzen verwendet. Sie enthält nämlich die Kaliumverbindungen des Holzes, die während des Verbrennens zum größten Teil in **Kaliumkarbona**t oder **Pottasche** K_2CO_3 übergeführt wurden. Letztere Bezeichnung kommt von der Gewinnung durch Auslaugung von „Asche" her; II, 60.

Wasserfreie **Soda** ist Na_2CO_3[1]). Sie wird nach einem billigen, besonderen Fabrikationsverfahren in großen Mengen aus Steinsalz hergestellt und heutzutage vorzugsweise zu Reinigungszwecken im Haushalt verwendet; II, 59.

$NaHCO_3$ heißt **doppeltkohlensaures Natrium** (Natriumbikarbonat). Mit Säuren entwickelt es CO_2. Es wird zur Herstellung von Back-

---

[1]) Mit Kristallwasser Na_2CO_3, 10 H_2O (vgl. S. 79!).

pulvern, Brausepulvern ($NaHCO_3$ + Weinsäure) und als Arzneimittel verwendet. Wissenschaftliche Bezeichnung: Natriumhydrogenkarbonat. Die thermische Zersetzung beginnt schon in heißem Wasser: $2 NaHCO_3$ $\xrightarrow{500-1000}$ $Na_2CO_3 + H_2O + CO_2 \uparrow$. Letzteres erzeugt das porige, lockere Gefüge des Kuchens. Mit Bikarbonat ohne Säurezusatz bleibt Soda im Kuchen, bei Anwesenheit von Weinsäure weinsaures Natrium.

Ammoniumkarbonat $(NH_4)_2 CO_3$ unterliegt schon bei gewöhnlicher Temperatur der thermischen Spaltung (Ammoniakgeruch und Feuchtwerden); beim Erhitzen verflüchtigt es sich vollständig. Da bei Backtemperaturen drei Gase entstehen, ist das Salz als Backpulver geeignet: $(NH_4)_2 CO_3 = 2 NH_3 + H_2CO_3$, im Haushalt als „Hirschhornsalz" bezeichnet.
$$\overset{\diagdown\diagup}{H_2O \quad CO_2}$$

34. Kohlenstoffmonoxyd, Generatorgas

Glühender Koks vermag nicht nur Wasserdampf, sondern auch Kohlendioxyd zu reduzieren, wobei dieser selbst in der H_2O- bzw. CO_2-Atmosphäre zu CO „verbrennt". In einem schwer schmelzbaren Rohr leitet man über glühende Holzkohlenstückchen Kohlendioxyd und befreit das austretende Gas von Kohlendioxydresten, indem man es durch eine mit Natronlauge beschickte Waschflasche leitet: $2 NaOH + CO_2 = H_2O + Na_2CO_3$. Das in Natronlauge unlösliche Gas wird unter Wasser aufgefangen (siehe Bild 25!). Es ist mit blauer, nicht leuchtender Flamme brennbar. Wenn man auch das im Kippschen Apparat entwickelte CO_2 zur Befreiung von mitgerissener Säure durch eine mit Bikarbonat beschickte Waschflasche geleitet hat, kann man deutlich die Vermehrung des Gasvolumens erkennen. Auf eine eintretende Gasblase kommen 2 austretende, da bei dieser **Vergasung des Kohlenstoffs** aus 1 Mol CO_2 zwei Mol CO entstehen nach der Gleichung: $CO_2 + C = 2 CO$.

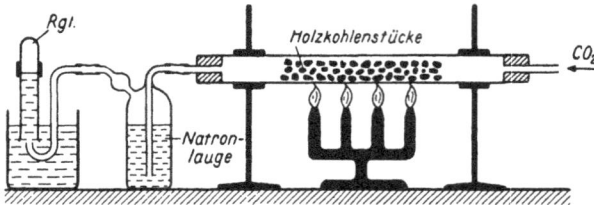

Bild 25.

Auf die gleiche Weise entsteht Kohlenstoffmonoxyd im Ofen bei hochgeschichtetem Brennmaterial, weil das am Rost entstehende CO_2 an darüber befindlichen glühenden Kohlen vorbeistreicht. Die charakteristischen blauen Kohlenoxydflämmchen hat jeder schon im Ofen beobachtet. Kohlenstoffmonoxyd oder auch kurz **Kohlenoxyd** genannt, entsteht immer dann, wenn Brennmaterial bei nicht genügendem Luftzutritt verbrennt, da praktisch in allen Brennstoffen C enthalten ist.

Kohlenoxyd ist sehr giftig. Schon in ganz geringen Mengen eingeatmet, verursacht das Kohlenoxyd Kopfschmerzen und Schwindel.
Größere Mengen — es genügen schon 0,3 % in der Atmosphäre 15
Minuten lang eingeatmet — haben eine tödliche Vergiftung zur Folge.
Besonders gefährlich sind daher Kohlenoxydaustritte in Schlafzimmern. Sofortige Verbringung des durch Kohlenoxyd Betäubten in
frische Luft, eventuell sehr lang fortgesetzte künstliche Atmung —
mindestens bis zum Eintreffen des sofort zu rufenden Arztes — unter
Umständen Zufuhr von reinem Sauerstoff, haben schon manchen ge-
rettet. (Vgl. S. 50!)

Reines Kohlenoxyd ist vollkommen **geruchlos!** Die Giftigkeit beruht auf
der Neigung des Kohlenoxyds, sich mit rotem Blutfarbstoff s o f e s t z u
v e r b i n d e n, daß die vergifteten Blutkörperchen für den Sauerstoff-Kohlen-
dioxydaustausch unfähig werden (nachweisbar durch Einleiten der 3 Gase
O_2, CO_2 und CO in Schweineblut).
In der Technik wird die Bildung des CO-Gases zur Erzeugung eines Heiz-
gases ausgenützt (eingeführt von S i e m e n s). Man läßt auf Koks oder Anthrazit nur genau so viel Luft einwirken, daß das abströmende Gas kein
CO_2, sondern bloß CO enthält, also ungefähr $^1/_3$ CO und $^2/_3$ Luftstickstoff besteht: **Generatorgas.** Seine Heizwirkung beruht darauf, daß es zu Kohlendioxyd unter großer Wärmewirkung verbrannt werden kann.

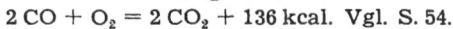

$$2\,CO + O_2 = 2\,CO_2 + 136\,kcal. \text{ Vgl. S. 54.}$$

Die bei der Bildung des Generatorgases frei werdende Wärme
$(2\,C + O_2 \rightarrow 2\,CO + 53\,kcal)$ gefährdet bei ununterbrochenem Zublasen
von Luft die Generatoren. Deshalb verbindet man den exothermen
Vorgang mit der endothermen Wassergaserzeugung (II, 110) und erhält durch geeignetes wechselweises Einblasen von Luft und Wasserdampf oder gleichzeitiges Einblasen eines Gemenges von Wasserdampf mit Luft ein Mischgas, dessen Heizwert das Generatorgas übertrifft.

Durch Zumischung v o r g e w ä r m t e r Verbrennungsluft kann ferner eine
s e h r h e i ß e, r a u c h f r e i e und b e l i e b i g g r o ß e Flamme erzielt werden, was die Kaloriendifferenz gegenüber der Totalverbrennung des Kohlenstoffs mehr als ausgleicht; daher vielseitige technische Anwendung (vgl.
S. 98, 118 und 122, sowie II, 135, Bild 29!).

35. Kohlehydrate, Eiweißstoffe und Fette

Süß schmeckende Früchte, wie Trauben, Äpfel und Birnen usw., enthalten einen Zucker, der, in reinem Zustand abgetrennt, eine weiße
Masse darstellt, welche nicht so süß schmeckt wie der Haushaltszucker:
unterscheidende Bezeichnung **Traubenzucker,** Formel $C_6H_{12}O_6$, Bestandteil des Bienenhonigs, Verwendung als Kräftigungsmittel „Dextropur", III, 102.

Aus den Stengeln des Zuckerrohrs und aus den Zuckerrüben gewinnt man durch Auslaugen und Eindampfen den Haushaltszucker:
Rohr- oder Rübenzucker. Angaben über die Abtrennung aus den

Pflanzensäften III, 110. Seine Formel steht mit der Traubenzucker-
formel in einer Art Anhydridverhältnis. Beim Kochen mit verdünnten
Säuren (HCl, H_2SO_4) geht **Rohrzucker** $C_{12}H_{22}O_{11}$ durch Aufnahme von
1 Mol H_2O unter stofflicher Änderung in die halbzähligen Molekeln
zweier verschiedener Stoffe, Isomeren, III, 14 über. In dem entstandenen Gemenge ist nur die Hälfte Traubenzucker.

$$C_{12}H_{22}O_{11} + H_2O = C_6H_{12}O_6 + C_6H_{12}O_6 [1]); \; \text{III, 102.}$$

Diese Spaltung geht auch beim Einkochen von Obst vor sich. Hier sind es
die Säuren der Früchte, die die Verwandlung bewirken. Daher schmeckt nicht
ganz ausgereiftes, mit Zucker eingekochtes Obst wenig süß. Besser ausgiebig
ist Zusatz von Rübenzucker unmittelbar vor dem Gebrauch. Das durch Säuren hergestellte Zuckergemenge kann man nach der Neutralisation eindicken
und so Kunsthonig herstellen. Auch im menschlichen Darm geht durch besondere Enzyme[2]) die Umwandlung nach obiger Gleichung vor sich, so daß
verschluckter Rohrzucker in Form von Traubenzucker und Fruchtzucker in
unser Blut gelangt.

Anderer Art sind die chemischen Veränderungen des Rohrzuckers
beim Erhitzen mit wenig Wasser (Bonbonzucker, Karamelzucker).

Nicht süß schmeckende K a r t o f f e l n und G e t r e i d e k ö r n e r
enthalten einen anderen, dem Traubenzucker nahestehenden Stoff, die
Stärke. Die aus einem Stück roher Kartoffel durch Schaben gewonnene
Stärke besteht aus besonders gebauten Körnchen. Bei anderen Pflanzen sehen die Stärkekörnchen wieder anders aus, so daß man durch
das Mikroskop eine Verfälschung von Weizenmehl mit Kartoffelmehl
unterscheiden kann, ja sogar an vorgeschichtlichen Kochgeschirren
durch mikroskopische Untersuchung des angebrannten, übergelaufenen
Inhaltes feststellen kann, welche Pflanzenspeisen vor Jahrtausenden
gekocht wurden. Als besondere Reaktion färbt sich die Stärke durch
Jodlösung dunkelblau; II, 26. — Die Zusammenfassungsformel der
Stärke ist $(C_6H_{10}O_5)_n$. Der Indexbuchstabe n bedeutet eine sehr große,
nicht genau angebbare Zahl der die Stärkemolekel aufbauenden Einzel-
teile. Für sich betrachtet, erscheint ein solcher als $C_6H_{12}O_6$ minus H_2O.

---

[1]) Die beiden Molekeln sind hier absichtlich getrennt geschrieben, da sie
verschiedene Zuckerarten sind, nämlich Traubenzucker und Fruchtzucker.
Die Molekulargröße ist bei beiden die gleiche, aber im Feinbau (Struktur)
unterscheiden sie sich.

[2]) Enzyme, für welche man früher den Ausdruck Fermente (fermentare
= gären) gebrauchte, wirken ähnlich wie die Katalysatoren, werden jedoch
von lebenden Zellen erzeugt und sind bis jetzt nicht synthetisch erhalten
worden. Unter ihrem Einfluß gehen viele Vorgänge im Organismus von-
statten. Durch Abkühlung nahe an den Gefrierpunkt wird in lagernden Kartoffeln die Tätigkeit des Stärke in Zucker umwandelnden Enzyms n i c h t
geschwächt, der Abbau des Zuckers durch Dissimilation (S. 112) dagegen stark
gehemmt. Das Mißverhältnis zwischen fortlaufender Verzuckerung und geringem Verbrauch des Zuckers führt zur Anhäufung von Zucker, bis etwa
2% des Trockengewichts, d. h. die Kartoffeln nehmen einen süßen Geschmack an.

Dies legt die Vermutung nahe, daß Stärke und Traubenzucker zusammengehören.

Übg.: 1. Wenn man ein Stückchen weißes Brot ohne Rinde oder eine Oblate einige Zeit kaut, bemerkt man schließlich einen süßen Geschmack. In der Tat hat ein Enzym unseres Speichels, das Ptyalin, durch Einschiebung von Wasser die Umwandlung von Stärke in Traubenzucker begonnen. 2. Wenn wir in Wasser aufgeschlemmte Stärke einige Zeit mit verd. Schwefelsäure kochen und dann neutralisieren, so versagt die Jodprobe, während sich Traubenzucker nachweisen läßt (III, 100). Hier findet (ohne Berücksichtigung von n) der Vorgang $C_6H_{10}O_5 + H_2O = C_6H_{12}O_6$ statt. Davon macht man in der Industrie Gebrauch bei der Herstellung des Stärkezuckers, der nichts weiter als Traubenzucker ist.

Ein **geschmackloser Stoff** ist der Z e l l (w a n d) s t o f f der Pflanzen, den wir verhältnismäßig rein, z. B. in Watte oder in Filtrierpapier vor uns haben. Eine andere Bezeichnung dafür ist **Zellulose**, häufig auch Cellulose geschrieben. In der Formel $(C_6H_{10}O_5)_x$ kommt die nahe Verwandtschaft mit der Stärke zum Ausdruck. Bauformeln siehe III, 149! Die Vermutung, daß man durch Wasseraufnahme beim Kochen, in diesem Falle mit konzentrierten Säuren, Zellulose in Traubenzucker verwandeln könne, bestätigt sich gleichfalls. Der Vorgang entspricht dem obigen: $C_6H_{10}O_5 + H_2O = C_6H_{12}O_6$ (ohne Berücksichtigung von x).

Da aus Holz bei der chemischen Aufschließung Z e l l u l o s e und Holzstoff (Lignin) gewonnen wird, so ist es möglich, aus Holzspänen Zucker herzustellen. Dieses Verfahren ist gewissermaßen eine industrielle Vorverdauung des Holzes und eröffnet die Möglichkeit, aus Abfallholz Futtermittel für unsere Haustiere herzustellen. Denn nur unter den Insekten gibt es Ernährungsspezialisten, die durch Zusammenleben mit Bakterien vom „Nahrungsmittel" Holz leben können.

Vergleichen wir die Formeln der genannten Zuckerarten, der Stärke und der Zellulose, so ergibt sich als gemeinsames Merkmal, daß bei ihnen W a s s e r s t o f f - und S a u e r s t o f f a t o m e stets im V e r h ä l t n i s 2 : 1 vorkommen, also im gleichen Verhältnis wie beim Wasser. Vgl. S. 78! Diese Stoffe bestehen nur scheinbar aus Kohlenstoff und Wasser, weshalb man sie **Kohlehydrate** genannt hat. Vielmehr sind die Wassermolekeln gespalten: Die Wasserstoffatome für sich an Kohlenstoff gebunden und ebenso die Hydroxylgruppen.

Die Kohlehydrate werden durch die **Assimilation aufgebaut.** Sämtlicher in der grünen Pflanze vorhandener Kohlenstoff w a n d e r t a l s u n s i c h t b a r e s G a s (CO_2) i n d e n P f l a n z e n k ö r p e r e i n und wird in ihm zum großen Teil zu f e s t e n, s i c h t b a r e n Kohlenstoffverbindungen. So wird das Rätsel, woher das Wachstum stammt, wenigstens teilweise gelöst. Assimilationsschema:

Ausgangsstoffe	notwendige Bedingungen	Produkte
	1. lebende Zelle	
$CO_2 + H_2O$	2. Chlorophyllfarbstoff	Stärke $+ O_2 \uparrow$
	3. Sonnenlicht	

Die Umkehr dieses Schemas (Dissimilation) stellt den **Atmungsvorgang** bei Pflanzen und Tieren dar. Nur ist er nicht an die Bedingungen (2) Chlorophyll und (3) Sonnenlicht geknüpft. Auch werden nicht nur Kohlehydrate in den Geweben oxydiert, sondern auch Fette und Eiweißstoffe (Kreislauf des Kohlenstoffs und des Sauerstoffs).

Der dem Sauerstoffverbrauch entgegenwirkende, den elementaren Sauerstoff regenerierende Assimilationsvorgang ist der Grund für die Unveränderlichkeit der Zusammensetzung der Luft (S. 44) trotz der CO_2-Zufuhr durch vulkanische Ausbruchsgase, trotz der Atmungstätigkeit der Lebewesen bis zu den Verwesungsbakterien hinab und trotz der CO_2-Erzeugung durch die Verwendung der Brennstoffe. Schließlich muß noch hervorgehoben werden, daß die Natur durch den Assimilationsvorgang in den Jahrmillionen von der Steinkohlenzeit bis zur Tertiärzeit und darüber hinaus (Torf!), vom menschlichen Standpunkt aus gesehen, für den modernen Kulturmenschen gearbeitet hat und Sonnenenergie in Form von Kohlengesteinen aufgestapelt hat. Vielleicht verdanken wir den lebensnotwendigen Sauerstoff der Atmosphäre überhaupt ausschließlich dem Assimilationsvorgang, der eine ursprüngliche, 20% CO_2 enthaltende Atmosphäre in unsere Luft umgewandelt hat.

Die Pflanze kann keine Atembewegungen machen. Der Antrieb zum Eindringen der umgesetzten großen Gasmengen liegt einseitig bei der Eigenbeweglichkeit der Gasmolekeln, also Diffusion durch die erst unter dem Mikroskop erkennbaren Spaltöffnungen oder durch die Rindenporen, durch die hindurch die vielmals kleineren Glasmolekeln ebenso ungehindert ihren Weg finden wie durch die Poren des Tonzylinders in Bild 4. — Die Hauptmenge des von den Pflanzen aufgenommenen CO_2 wird in ihrer unmittelbaren Nähe durch die Tätigkeit der Bodenbakterien erzeugt. Deshalb düngt der Stallmist nicht nur durch seinen Gehalt an K, N und P-Verbindungen und an Wirkstoffen (S. 130), sondern liefert auf dem Umweg über die Bodenbakterien der Pflanze auch Kohlenstoff.

Eiweißstoffe werden ebenfalls von den grünen Pflanzen aufgebaut. Das pflanzliche Eiweiß bauen die Pflanzenfresser in ihr „arteigenes" Eiweiß um. Der Mensch benutzt pflanzliches und tierisches Eiweiß als Nahrung. Am bekanntesten ist das Eiweiß aus dem Hühnerei. Die Tatsache, daß faule Eier nach Schwefelwasserstoff riechen, zeigt uns S c h w e f e l als Bestandteil an. Da beim Behandeln mit konzentrierter Natronlauge Ammoniak (S. 87) entweicht, muß Stickstoff [1]) enthalten sein. Getrocknetes Eiweiß unterliegt der Zersetzungsdestillation und liefert dabei auch Teer w a s s e r und einen ver k o h l ten Rückstand. Also sind Kohlenstoff, Wasserstoff und Sauerstoff ebenfalls im Eiweiß enthalten. Die Eiweißmolekeln haben eine geradezu ungeheure Größe

---

[1]) Benennt man Wasser und Ammoniak an Stelle dieser volkstümlichen Bezeichnungen „chemisch" als Sauerstoffhydrid und Stickstoffhydrid, so ergibt sich als bemerkenswert, daß es gerade die Hydride der Hauptgase des lebensnotwendigen Gasgemenges Luft sind, die nach den biochemischen Zusammenhängen notwendige Voraussetzungen für das Leben auf der Erde bilden.

im Vergleich zu anderen Molekeln, denn sie bestehen aus Hunderten von Atomen, in der Hauptsache von 5 Elementen (C, H, O, N, S), die aber in sehr verwickelter Weise miteinander verbunden sind (vgl. auch III, 97!).

Die **Fette** werden gleichfalls von den Pflanzen aufgebaut und in vielen Samen, z. B. in den Bucheckern und der Kokosnuß gespeichert. Der menschliche und tierische Körper benützt die pflanzlichen Fette teilweise zum Aufbau der körpereigenen Fette. Aber auch aus Kohlehydraten können Fette gebaut werden, wie die Fütterung der Schweine mit den nur Spuren von Fett enthaltenden, aber stärkereichen Kartoffeln beweist. Besonders wichtig ist, daß die Fette bei ihrem Abbau („Verbrennung" S. 49) g r o ß e   M e n g e n   W ä r m e liefern. Daher wird die Kost der Völker um so fettreicher, je kühler das Klima ihres Landes ist.

Ihrer chemischen Natur nach stehen die Fette den Paraffinen sehr nahe. Während bei den Kohlehydraten auf 2 Wasserstoffatome 1 Sauerstoffatom trifft, kommt bei den Fetten auf etwa 20 Wasserstoffatome 1 Sauerstoffatom. Genauere Angaben über den chemischen Bau aus Glyzerin und hochmolekularen Fettsäuren III, 56. Kohlehydrate werden s e h r   r a s c h   v e r w e r t e t , in Wärme usw. umgesetzt. Deshalb gibt man bei Erschöpfungszuständen Traubenzucker, Dextroenergen, Dextropur von Dextrose = Traubenzucker. Fette werden langsam, aber um so nachhaltiger ausgenutzt.

1 g Eiweiß	liefert 4,1 kcal
1 g Fett	liefert 9,3 kcal (!)
1 g Kohlehydrat	liefert 4,1 kcal

Die Fette sind nicht nur ein unentbehrliches N a h r u n g s m i t t e l sondern auch wichtige R o h s t o f f e für die I n d u s t r i e , z. B. Glyzerin, Seifen usw.

36. Gärung

Wie wir gesehen haben, kommt der Traubenzucker in Früchten, z. B. den Trauben und Äpfeln vor. Preßt man diese Früchte aus (Keltern) und lagert den Fruchtsaft (süßen Most) einige Wochen, so verliert er allmählich seine Süßigkeit. Er wird trübe, prickelnd und wirkt in größerer Menge berauschend. Kocht man einen frischen Fruchtpreßsaft ab und verschließt ihn luftdicht, während er noch heiß ist, so treten die eben geschilderten Veränderungen nicht auf. Demnach sind durch Siedehitze abtötbare Lebewesen die Urheber der eigentümlichen Vorgänge. Auf den Früchten befinden sich nämlich, aus der Luftsuspension darauf gefallen oder von Tieren (Ameisen, Wespen) verschleppt, Sporen von H e f e p i l z e n , welche aus abgefallenen Früchten wieder zur Erde zurückkehren. Beim Keltern geraten sie in den Fruchtsaft, keimen aus und ernähren sich von den darin enthaltenen Stoffen. Infolge der für sie günstigen Lebensbedingungen vermehren sich die Pilze so ungeheuer, daß sie den Most trüben (federweißer Most). Aus den durch Zerreiben vernichteten Hefepilzen kann man mittels besonders feinporiger Filter ein „steriles" Enzym gewinnen, die Z y m a s e , welche aus dem Traubenzucker Alkohol und Kohlensäure bildet. Die Kohlensäure ist das Prickelnde, der Alkohol das Berauschende des federweißen Mostes. Gärungsgleichung: $C_6H_{12}O_6 = 2\,CO_2 + 2\,C_2H_5OH$.

Bei diesem Vorgang, welcher als geistige [1]) Gärung bezeichnet wurde, entsteht aus einem verhältnismäßig sauerstoffreichen Stoff ein noch sauerstoffreicherer, das Verbrennungsprodukt CO_2, u n d ein sauerstoffärmer, zugleich wasserstoffreicher Stoff von sehr hohem Brennwert, der als T r e i b s t o f f f ü r E x p l o s i o n s m o t o r e n Verwendung finden kann. Er steht in der Tat den Naturgasen sehr nahe (s. S. 101!), denn an der Formel für Alkohol fällt uns die Ä h n l i c h k e i t mit der Ä t h a n m o l e k e l (S. 101) auf. C_2H_5OH läßt sich auffassen als ein Oxyd des Äthans, in welchem ein Wasserstoffatom durch eine OH-Gruppe ersetzt wurde. Wie die Probe mit Lackmuspapier zeigt, ist der A l k o h o l j e d o c h k e i n e B a s e . Nicht alle Stoffe, die eine OH-Gruppe enthalten, sind Basen. Auch die Zuckerstoffe sind keine Basen, obwohl sie viele Hydroxylgruppen enthalten. Durch besondere chemische Veränderungen kann man aus dem Äthan C_2H_5OH herstellen, weshalb er den Namen Ä t h y l a l k o h o l oder **Äthanol** führt. Die Gruppe C_2H_5 = Äthyl tritt in dieser Formelbezeichnung als ein für sich unbeständiges Radikal (S. 88) auf.

Vergärt man Früchte (z. B. Zwetschgen, Kirschen), so entsteht aus ihrem Zucker ebenfalls Alkohol und Kohlendioxyd. Hier wird meist der Alkohol abdestilliert und in Vorlagen aufgefangen. Dieses Verfahren nennt man das „B r e n n e n" von Fruchtbranntwein.

Auch aus S t ä r k e kann man Alkohol gewinnen. Hier muß aber die Stärke zunächst unter dem Einflusse des Enzyms (S. 110) Diastase in Zucker verwandelt werden. Das erreicht man zum Beispiel, wenn man zu Kartoffelbrei geschrotetes Malz setzt. Unter dem Einfluß der Malzenzyme wird die Stärke über den Malzzucker in Traubenzucker übergeführt. Setzt man noch Hefe zu, so wird der Zucker vergoren. Der Alkohol wird abdestilliert und liefert den K a r t o f f e l b r a n n t w e i n , der mehr für industrielle Zwecke als für Getränke verwendet wird (vgl. III, 117!). Durch ähnliche Vorgänge kann aus Korn K o r n b r a n n t w e i n , aus Reis A r r a k u. dgl. hergestellt werden. W e i n b r a n d , Kognak, ist der aus Wein abdestillierte Alkohol.

---

[1]) spiritus = Geist; spiritus vini = Weingeist = Alkohol.

Auf der Gärung stärkereicher Pflanzenstoffe gründen sich als weitere Gärungsgewerbe die Bierbrauerei und die Bäckerei.

Einer besonderen Gärung, bei welcher kein CO_2 gebildet wird, sondern sogar Sauerstoff aufgenommen wird, der **Essiggärung,** unterliegt der soeben besprochene Äthylalkohol. Bier oder Wein in schlecht verschlossenen Gefäßen werden mit der Zeit sauer. Man sagt, die Flüssigkeiten seien „zu Essig" geworden. Die Probe mit Lackmuspapier bestätigt, daß eine Säure, eben der Essig, entstanden ist. Die Essigbildung in verdünnten, alkoholhaltigen Flüssigkeiten ist ebenso wie die Gärung ein biochemischer Vorgang (Essigpilz). Es handelt sich im Grunde genommen um eine Oxydation:

Bild 26.

$C_2H_5OH + O_2 = H_2O + CH_3COOH$ (**Essigsäure**). Regel S. 63!

Die Essigsäure besitzt nur ein ersetzbares Wasserstoffatom, das in der Formel am Schluß stehende, und wird deshalb in der aufgelösten Formel geschrieben, welche auch angibt, wie man sich die Bindung des Sauerstoffs am 2. C-Atom zu denken hat. Trotz des scharfen Geruchs der konzentrierten Säure (Eisessig) ist sie keine besonders starke Säure.

Eine gewerbliche Herstellung der Essigsäure besteht darin, daß man in einem seitlich mehrfach durchlöcherten Fasse eine verdünnte, alkoholische Flüssigkeit über Hobelspäne laufen läßt. Diese werden vorher mit Essig getränkt und so der Essigpilz auf sie gebracht. Die reichliche Luftzufuhr durch die seitlichen Löcher des Fasses, die große Oberfläche der Hobelspäne und die großen Mengen der auf ihnen befindlichen Essigpilze ermöglichen eine sehr schnelle Oxydation des Alkohols zu Essigsäure (Schnellessigfabrikation), Bild 26. Auch bei der auf S. 97 beschriebenen, trockenen Destillation des Holzes entsteht Essigsäure (Holzessig).

Die Salze der Essigsäure heißen **Azetate,** von welchen das essigsaure Aluminium $Al(CH_3COO)_3$ (Aluminiumazetat) genannt sei. Seine Lösung kommt unter dem Namen „Essigsaure Tonerde" in den Handel und ist ein Hausmittel für Umschläge[1]. Sie wird aber auch in der Färberei gebraucht.

Es gibt noch eine große Anzahl von kohlenstoffhaltigen Säuren. So kommt in der sauren Milch die M i l c h s ä u r e vor, die gleichfalls unter Mitwirkung von Bakterien erzeugt wird. Angenehm riechende Verbindungen der B u t t e r s ä u r e, sogenannte Ester, finden sich in der Butter. Das Ranzigwerden der Butter ist ebenfalls eine Gärung, bei welcher unangenehm riechende Buttersäure frei wird.

Durch eine besondere Art der **Gärung** kann man aus Traubenzucker **Glyzerin** herstellen, was von Wichtigkeit ist, da Glyzerin ein vielfach

---

[1] Da es aber ein schlechtes Desinfektionsmittel ist, macht man besser A l k o h o l umschläge.

verwendeter Stoff ist und seine Gewinnung aus Fetten infolge unseres Fett- und Ölmangels sehr begrenzt ist.

37. Faserstoffe und Treibstoffe

Durch mechanische Zerkleinerung des Holzes ohne chemische Reinigung („Holzschliff") werden P a c k p a p i e r und mit Zellulosezusatz Zeitungsdruckpapier hergestellt. Das holzfreie P a p i e r besteht in der Hauptsache aus verfilzten Zellulosefasern, welche durch chemische Aufschließung unter Entfernung des Holzstoffes (Lignin) aus Nadelholz gewonnen werden, III, 109. Da die Holzzellulose für Verspinnung zu kurzfaserig ist, muß sie für Textilzwecke in lange Fäden bzw. Fasern umgewandelt werden und zwar durch besondere chemische Verfahren. Es gibt nämlich für den Zellstoff kein physikalisch lösendes, nur in die Molekeln zerteilendes Lösungsmittel. Die deshalb anzuwendende chemische Lösung hat zur Folge, daß der versponnene, feine Faden zur Rückgängigmachung der die Lösung bewirkenden, chemischen Veränderung nachbehandelt werden muß.

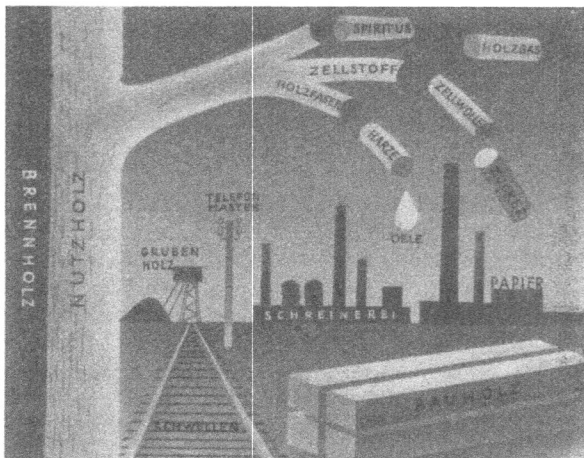

Bild 27.

Kunstseide [1]) ist nichts anderes als Zellulose, die eine derartige Behandlung durchgemacht hat. Bei der Herstellung nach verschiedenen Verfahren wird Zellulose in eine zähe Flüssigkeit übergeführt, die sich zu Fäden (ähnlich wie die Spinnflüssigkeit in den Spinndrüsen der Raupen) ausziehen läßt. Zellophan wird aus Gießtrögen in Form endloser Bahnen hergestellt. Verwendung für Verpackung von Lebensmitteln, für Geflechte, für Wurst-Kunstdärme usw.

Nachdem das Mißtrauen gegen das Teilwort „Kunst" bei Kunstfasern und Kunststoffen auf Zellulosegrundlage überwunden war, ging die Entwicklung sehr schnell vor sich. Mittelbar leben in Deutschland

[1]) s. S. 117, Fn. [1])!

von der Kunstseideerzeugung Hunderttausende von Menschen. Aus dem anfänglich gering geschätzten Ersatzstoff wurde ein unentbehrlicher Gebrauchsstoff.

Bei der Z e l l w o l l e [2]) stellt man keine langen Fäden her, sondern verspinnbare Fasern, wie sie etwa die Baumwolle enthält, III, 107.

Holz ist nicht nur für die genannten Industriezweige der Rohstoff. Auch als Brennstoff für „Holzgaser" wurden in den letzten Jahren beträchtliche Mengen verbraucht.

Die Überlegenheit der Verbrennungsmotoren beruht auf 3 Umständen: 1. Geringes Gewicht im Vergleich zur Leistungsfähigkeit, was die Entwicklung der Flugtechnik erst ermöglicht hat. 2. Abwesenheit einer Verdampfungsflüssigkeit. 3. Schnelle An- und Abstellbarkeit.

Als **Treibstoffe** für Verbrennungsmotoren finden Verwendung:

a) Gase, z. B. Methan, bei der Abwasserreinigung in Großstädten als Sumpfgas gewonnen, gereinigt und in Stahlflaschen gepreßt.

b) Niedrig siedende, leicht vergasbare Flüssigkeiten, an deren Reinheit und Lagerfestigkeit ganz bestimmte Ansprüche gestellt werden: Strenge Vorschriften über die Lagerung und das Betreten der Lagerräume (s. S. 60!).

c) Hochsiedende Kohlenwasserstoffe: Gasöl (Treiböl) für Dieselmotoren.

d) Die Verwendung von Buchenholz als Treibstoff bedeutet insofern einen Rückschritt, als die Fahrzeuge außer dem Explosionsmotor eine Vergasungsanlage mitführen müssen. Auch sonst müssen manche Nachteile in Kauf genommen werden.

Für die Anwendung der flüssigen Treibstoffe (b) ist die Entzündungstemperatur von hoher Bedeutung. R e i n e s Benzin ist ungeeignet. Es muß erst **klopffest** gemacht werden, d. h. es muß durch Zusätze die Entzündungstemperatur hinaufgesetzt werden, um die v o r - z e i t i g e Z ü n d u n g während des Kompressionstaktes (Zusammendrückungsvorgang) zu verhindern. Hier handelt es sich also um das Gegenstück zur katalytischen Beschleunigung, um eine Reaktionshemmung. Wegen des Zusatzes von Bleitetraäthyl[3]) als A n t i k l o p f - m i t t e l [4]) ist das Fahrbenzin giftig. Für Reinigungszwecke wird deshalb reines „Waschbenzin" abgegeben. Die bei der Explosion dieses Stoffes entstehenden, fein verteilten Metallnebel verhindern die vorzeitige Explosion (vgl. S. 52!).

Durch Zumischung von an sich klopffestem Benzol (aus dem Leichtöl der Gasfabriken und Kokereien) oder von Treibstoffspiritus kann ebenfalls Klopffestigkeit bewirkt werden. Äthanol (C_2H_6O) und Me-

---

[1]) Produktion 1936: 45424 t } im Gesamtwerte von 275 Millionen M.
[2]) Produktion 1936: 42903 t }
[3]) (Gr.) tetra = 4; Äthyl s. S. 114; vgl. auch III, 38.
[4]) anti = gegen (gr.).

thanol (CH_4O) werden besonders verwendet zur Herstellung von Treibstoffen für Wettfahrten, z. B. 5—25 proz. Äthanolbenzin.

Umgekehrt wird durch Benzinzusatz zu Gasölen (Dieselölen) eine
Erniedrigung der Entzündungstemperatur beabsichtigt. Neben den
Treibstoffen kommt für den Betrieb von Motoren und Maschinen dem
S c h m i e r ö l eine ungemein große Bedeutung zu, für dessen Her-
stellung bis zu den letzten physikalisch-chemischen Möglichkeiten vor-
dringende, verfeinerte Destillationsverfahren erfunden wurden.

VII. Einführung in die Chemie der anorganischen Werkstoffe

39. Glas; Ton; Zement

Die stoffliche Grundlage für Glasherstellung bietet der Quarz [1]) dar,
S i l i z i u m d i o x y d , das in Form von Verbindungen in der Gesteinshülle der Erde (Lithosphäre) massenhaft vorkommt. Ein Vergleich der Formeln SiO_2 und CO_2 läßt vermuten, daß Silizium und
Kohlenstoff in ihrem chemischen Verhalten sehr ähnlich sind. Das
kommt auch darin zum Ausdruck, daß wir zum Zwecke des leichteren
Verständnisses eine Zusammensetzung der kieselsauren Salze = Sili-
kate bevorzugen, die den Karbonaten entspricht. In seinem stofflichen
Verhalten ist Quarz das Säureanhydrid der Kieselsäure. Bei der Glasfabrikation handelt es sich darum, Verbindungen von kieselsauren
Salzen mit Kieselsäureanhydrid herzustellen, die nicht nur eine genügende H ä r t e und W e t t e r f e s t i g k e i t zeigen, sondern auch
vollkommen klar d u r c h s i c h t i g sind.

Bei gewöhnlichem Fensterglas kann man von Kalziumkarbonat,
Soda und Quarzsand ausgehen. Hierbei gehen in der Hauptsache folgende
Vorgänge [2]) vor sich: $Na_2CO_3 + SiO_2 = Na_2SiO_3 + CO_2 \uparrow$; $CaCO_3 + SiO_2$
$= CaSiO_3 + CO_2 \uparrow$. Das gebildete Kohlendioxyd entweicht in Blasen,
während nach Beendigung des Prozesses Kalziumsilikat ($CaSiO_3$) und
Natriumsilikat (Na_2SiO_3) mit der ungefähren Gesamtformel $Na_2CaSi_6O_{14}$
zurückbleiben und beim Erkalten zu Glas erstarren.

**Glas ist ein im Schmelzfluß entstandener, homogener, nicht kristalli-
sierter fester Stoff von guter Durchsichtigkeit, bei höherer Temperatur
im zähflüssigen Zustand formbar.**

---

[1]) Die großen Kristalle werden als Bergkristall bezeichnet; die körnige
Form als Quarzit, (lat.) silex = Kieselstein. Vgl. die Härteskalla S. 9!
[2]) Die für diese Verdrängungsreaktion benötigten, hohen Temperturen
werden an Stelle von Holzfeuerung gegenwärtig durch Generatorgas erzielt.

Fensterglas und mit reineren Ausgangsstoffen **Spiegelglas** enthält 11,5 — 15 % Na_2O; 12 — 15 % CaO und 70 — 73 % SiO_2. In der Technik wird häufig die prozentuale Zusammensetzung nicht auf die Elemente sondern auf deren Oxyde aufgeteilt.

Das **Flintglas** bricht das Licht besonders stark und wird deshalb für die Herstellung optischer Geräte, für geschliffene Glaswaren, Beleuchtungskörper, Imitationen von Edelsteinen u. a. verwendet: „Bleikristall". Das letztere Wort wird im Geschäftsleben in anderem Sinn gebraucht als S. 10. Kristallglas ist geschliffenes Glas im Gegensatz zu Preßglas, welches gerundete Kanten aufweist. Zusammensetzung: 6,1 % Na_2O; 7,2 % K_2O; 23,4 % PbO; 62,6 % SiO_2. **Kronglas** wird für optische Apparate als schwach lichtbrechend und farbzerstreuend zum Ausgleich der starken Farbzerstreuung des Flintglases und ferner als chemisch widerstandsfähiges Geräteglas verwendet (böhmisches Glas). Es enthält etwa 5 % Na_2O; 12 % K_2O; 7 % CaO und 75 % SiO_2.

Für besondere Zwecke sind vor allem durch das Jenaer Glaswerk Schott Spezialgläser entwickelt worden. In den Barytgläsern ist PbO durch BaO ersetzt, in den Boratgläsern die Kieselsäure zum Teil durch Borsäure und viele andere Sorten. Die Einschmelztemperatur in Glashäfen oder Glaswannen liegt zwischen 900° und 1500°. Außer Quarz, Kalk, Pottasche, Soda, Natriumsulfat u. a. sind Entfärbungsmittel und zur Fernhaltung von Luftblasen Läuterungsmittel erforderlich und gegebenenfalls zur Herstellung undurchsichtiger Gläser Trübungsmittel, Knochenasche oder Zinnoxyd. Eine andere Art Milchgläser wird durch Anätzen mit Flußsäure oder durch Behandlung mit dem Sandstrahlgebläse oberflächlich aufgerauht.

Das Formen der Gläser geschieht durch B l a s e n und G i e ß e n oder durch Vereinigung beider Arbeitsweisen. Der Glasbläser taucht ein langes Rohr in die flüssige Glasmasse, die er dann nach Art einer Seifenblase aufbläst. Durch Schwenken u. dgl., sowie durch wiederholtes Erwärmen und Aufblasen der erhitzten Stellen versteht es der Glasbläser, alle Formen herzustellen, angefangen von der einfachen Kugel bis zu Kunstformen. Flaschen werden durch Ausblasen in Formen hergestellt, jetzt auch vielfach in Flaschenblasmaschinen.

Fensterglas wurde anfänglich aus großen aufgeblasenen, flaschenähnlichen Glaswalzen hergestellt, die aufgeschnitten und in einem besonderen Ofen „gestreckt" wurden. S c h e i b e n v o n S c h a u f e n s t e r n werden gegossen. Alle frisch geblasenen oder gegossenen Glaswaren dürfen sich nur ganz langsam abkühlen, da sie sonst springen. Das geschieht in eigenen Kühlöfen.

Die Färbung der Gläser entsteht bei unreinen Ausgangsmaterialen unabsichtlich. Für die billigen Bierflaschen verwendet man z. B. eisenhaltigen Kalk, wodurch die grünliche Farbe (eine Eisenverbindung) entsteht. K o b a l t - o x y d, dem Glassatz (oder schmelzendem Glase) beigemischt, färbt es b l a u, K u p f e r o x y d b l a u g r ü n, B r a u n s t e i n v i o l e t t usw. Das leuchtende R o t alter Kirchenfenster wurde durch kolloidale Verteilung von G o l d oder K u p f e r erzeugt. E m a i l ist eine besondere Glassorte, mit der Blechgefäße überzogen werden. Färbende, entfärbende oder trübende Zusätze ca. 1 %.

Die Fenster von Ställen schimmern manchmal in allen Regenbogenfarben. Das kommt von der Einwirkung des im Miste sich bildenden Ammoniaks auf das Glas. Sehr alte Gläser z. B. aus den Kunstschätzen der Römer schillern ähnlich: Interferenzfarben durch „Verwitterung", die das Glas während der großen Zeiträume erlitten hat. Die Entglasung bei langem Erhitzen alter Gläser beruht auf beginnender Kristallisation.

Die Kunst der G l a s b e r e i t u n g ist schon s e h r a l t, hat man doch in ägyptischen Gräbern bereits Glasgefäße gefunden, wodurch erwiesen ist, daß die Ägypter schon 1700 Jahre v. Chr. Glas hergestellt haben. Im Mittelalter wurde V e n e d i g der berühmteste Mittelpunkt der Glaserzeugung. Die dortige St. Markuskirche wurde bereits im 11. und 12. Jahrhundert mit Glasmosaiken geschmückt. Im 15. u. 16. Jahrhundert wurden in Deutschland bereits kunstvolle Glaswaren hergestellt. Um diese Zeit wurden auch die böhmischen Gläser sehr berühmt. Bemerkenswert ist, daß man erst am Ende des Mittelalters begann, Glasfenster allgemein einzuführen. Sicherheitsglas (für Windschutzscheiben der Autos usw.) III, 141.

Die Glasbearbeitung in der Wärme stimmt weitgehend mit der Wärmebearbeitung der metallischen Werkstoffe überein (Gießen, Walzen, Schweißen [Verschmelzen], Pressen), besonders in der neuesten, technischen Entwicklung der maschinellen Formgebung. Glas ist in der Tat der älteste K u n s t s t o f f des Menschen, auch als „Ersatzstoff“ verwendet. Nur sind wir uns dessen nicht mehr bewußt. Statt aus Holzkrügen und Metallbechern trinkt man heute aus Trinkgläsern. Die Färbbarkeit und die nachträgliche Bearbeitung durch Schleifen hat schon frühzeitig zu „I m i t a t i o n e n“ von Edelsteinen geführt.

Die Glasherstellung und -bearbeitung hat bereits weitgehend entwickelte, gewerbliche Kunstfertigkeit zur Voraussetzung. Deshalb ist der älteste, nicht metallische, von der Natur selbst ohne künstliche Zusätze gelieferte Werkstoff des Menschen, schon lange vor dem Gebrauch der Metalle, **der Töpferton.** Er läßt sich kalt formen und erhält durch Brennen seine Formbeständigkeit. Seine Bedeutung als uralter Kulturbesitz des Menschen kommt auch darin zum Ausdruck, daß man nach der Art seiner Bearbeitung (ohne oder mit Töpferscheibe geformt) die vorgeschichtlichen Perioden einteilt. Die Formbarkeit beim Durchkneten mit Wasser ist das Ergebnis einer physikalischen (kolloiden) Einwirkung. Das Formungswasser wird durch Verdunstung (Trocknen an der Luft) entfernt, und zwar wird dadurch keine Formbeständigkeit erzielt, aber ein Zerfallen beim Transport zur Brennstelle verhütet. Beim chemischen Vorgang des Brennens ist wiederum die Wasserregel (S. 63) einschlägig. In der Tonmolekel $H_4Si_2Al_2O_9$ ist Gelegenheit zur Wasserausstoßung gegeben. Die neu entstehende Molekel ist unfähig, bei Berührung mit Wasser, weder in sehr langen Zeiträumen noch in der Siedehitze, das H_2O wieder in die Molekel zurückzuholen. Da der Ton bei Brenntemperaturen nicht schmilzt, bleibt er porös. Durch Anbringen einer G l a s u r wird er für die Aufbewahrung von Flüssigkeiten und die Verwendung zum Kochen brauchbar. Auf Einzelheiten, sowie auf das edelste Erzeugnis der **keramischen Industrie,** das Porzellan, wird II, 108 eingegangen.

Chemisch gerade entgegengesetzt verhält sich der **Zement,** der auch durch Brennen hergestellt wird und zwar aus tonhaltigen Kalkablagerungen (Mergel). Zu Pulver gemahlener Zement ist gegen feuchte (wasserdampfhaltige) Luft beständig, nimmt aber Anrührwasser langsam chemisch auf, d. h. unter Veränderung der Molekeln. Die neu gebildeten Kristalle wachsen derartig eng durcheinander, daß nach wenigen Tagen dem verfestigten Zement eine hohe Druck- und Zerreißfestigkeit zukommt und zugegebener Sand oder Kies zu einem sehr festen Baukörper verkittet wird (Beton); II, 114.

Die aus Lehm gebrannten **Ziegelsteine** sind ausgezeichnet formbeständig. Sie werden seit Jahrtausenden durch den **Mörtel** verkittet, der aus gelöschtem Kalk ($Ca(OH)_2$) und Sand oder feinem Kies besteht und mit Wasser zu einem Brei angerührt wird. Das Anrührwasser, welches nur den Zweck hat, den Mörtel in einer in die Fugen verstreichbaren Form zu erhalten, verdunstet sehr rasch (Abbinden) und ist am chemischen Vorgang unbeteiligt. Es bleibt also gelöschter Kalk und Sand übrig. Auch letzterer beteiligt sich nicht unmittelbar am chemischen Vorgang, hat aber zwei wichtige Aufgaben: das trocknende Gemenge der beiden Stoffe für den zur chemischen Reaktion notwendigen Luftzutritt porös zu erhalten und ein Zusammenpressen und Ausquetschen des Mörtels aus den Fugen durch die Last des Bauwerkes zu verhindern. Denn der chemische Vorgang der Verfestigung dauert in den äußeren Schichten monatelang, in den inneren ist er nach vielen Jahrzehnten noch nicht beendet: CO_2 **(aus der Luft)** $+ Ca(OH)_2 = H_2O$ $+ CaCO_3$ (Luftmörtel). Es entsteht demnach Kalziumkarbonat, dessen durcheinanderwachsende Kristalle den Mörtel steinhart machen. Je älter der Mörtel ist, desto härter ist er (Burgruinen, Römerbauten). Anfänglich wird das Reaktionswasser in so großen Mengen gebildet, daß es in den Neubauten an den Wänden von Schlafzimmern und Wohnzimmern herunterläuft, da durch die Atmungstätigkeit der Hausbewohner große Mengen von CO_2 für den chemischen Vorgang verfügbar sind.

Das Tonbrennen ist eine in der Hitze rasch verlaufende Z e r s e t -
z u n g. Das Festwerden des Mörtels ist eine infolge der besonderen Umstände sehr langsam verlaufende U m s e t z u n g. Der Reaktionstypus der Verfestigung des Zementes ist die V e r e i n i g u n g (Wassermörtel). An diesen 3 Vorgängen erweist sich erneut die Wichtigkeit des Wassers für den Ablauf chemischer Vorgänge, die als Überschrift des IV. Abschnittes S. 54 gewählt wurde.

40. Eisenverhüttung

Ferrum Fe, Atomgewicht 55,85.

Da Eisen wegen seiner unedlen Beschaffenheit nur sehr selten (z. B. in Meteoriten) [1] in metallischem Zustand vorkommt, muß es seit ur-

---

[1] Das Meteoreisen bot, kalt gehämmert, dem Menschen zuerst Material für eiserne Waffen, woraus sich das frühzeitige und vereinzelte Auftreten während der Bronzezeit erklärt.

alten Zeiten aus Eisenoxyden, welche auch durch Rösten von anderen Eisenerzen herstellbar sind, gewonnen werden.

Eisenmineralien. Magneteisenstein hat die Zusammensetzung Fe_3O_4; Roteisenstein oder Hämatit, in anderer Kristallisation auch Eisenglanz genannt, Fe_2O_3; Brauneisenerz oder Limonit $Fe_4O_3(OH)_6$; Nadeleisenerz oder Göthit FeO_2H; Spateisenstein $FeCO_3$; Pyrit FeS_2; Magnetkies $Fe_{11}S_{12}$.

Die reinen Mineralien sind nur selten in abbauwürdigen Mengen von der Natur angehäuft. In den meisten Erzlagerstätten sind die Eisenmineralien mit Gangart vermengt, die häufig die Ergiebigkeit unerwünscht stark herabsetzt, manchmal aber erwünscht ist, z. B. der P-Gehalt der lothringischen und der Mn-Gehalt der steirischen Erze. Die stark verunreinigten, also eisenarmen Erze des Harzvorlandes, die aber dafür in beträchtlichen Mengen, auch im Jura als Doggererze, vorhanden sind, werden in besonderen Verfahren für die Roheisengewinnung aus einheimischen Erzen nutzbar gemacht. Noch weniger als letztere sind die S-haltigen Erze für die normale Verhüttung brauchbar, da auch nach dem Abrösten zuviel S zurückbleibt. Deshalb werden sie in Verbindung mit der Herstellung der Schwefelsäure auf Eisenverbindungen verarbeitet. Der in Kanada vorkommende Magnetkies ist wegen seines Ni- und Platinmetall-Gehalts besonders wertvoll.

Das Verfahren des Altertums (E r h i t z e n   e i n e s   G e m e n g e s   v o n   E i s e n o x y d   u n d   H o l z k o h l e) ist wenig ergiebig. Die Reduktion findet nur an der Berührungsstelle mit der Holzkohle statt, weil beide Stoffe dabei nicht schmelzen und zudem geht Eisen bei hoher Temperatur in Berührung mit Luft zum Teil wieder in Eisenhammerschlag (s. S. 127!) über. Diese beiden Übelstände wurden überwunden durch die Herstellung des G u ß e i s e n s in Schachtöfen (seit dem 16. Jahrhundert), die erst die Massenfabrikation ermöglichte.

1. Der an Stelle von Holzkohle verwendete Koks wirkt hauptsächlich indirekt, durch Übergang in ein g a s f ö r m i g e s R e d u k t i o n s - m i t t e l (CO), wodurch die gesamte Oberfläche der Erzstücke dem Auftreffen der Gasmolekeln ausgesetzt ist.

2. Das Eisen geht durch Aufnahme von Kohlenstoff[1]) in v e r h ä l t - n i s m ä ß i g   l e i c h t   s c h m e l z b a r e s   G u ß e i s e n über.

3. Durch Zuschläge wird aus den erdigen Beimengungen der Erze und den unverbrennlichen Koksbestandteilen (Asche, Schlacke) ein niedrig schmelzendes Silikat, ähnlich dem G l a s[2]) gebildet, in welches eingehüllt das geschmolzene Eisen niedersinkt und so vor der Einwirkung der Gebläseluft in der Verbrennungszone geschützt bleibt.

Andernfalls würden sich Gangart und Koksasche bei längerem Betrieb immer mehr anhäufen. Das eben reduzierte Eisen würde in ihnen hängen bleiben und ein durchlaufender Betrieb wäre nicht möglich. Der Verflüssi-

---

[1]) Entstanden aus CO durch katalytische Wirkung des eben reduzierten Eisens nach der Gleichung $2\,CO \rightarrow C + CO_2$ (Umkehrung des „Gasungsvorgangs", S. 124!).

[2]) In erstarrtem Zustand H o c h o f e n s c h l a c k e genannt.

gung der unvermeidlichen Begleitstoffe hat aber eine weitere, wichtige Auswirkung. Ähnlich wie Öl auf Wasser sich in dünner Ölhaut ausbreitet, umhüllt die spez. leichtere Silikatschmelze das geschmolzene Eisen und bildet gewissermaßen eine Isolationsschicht gegen weitere stoffliche Einwirkung.

Schließlich tropft das Gußeisen mit der Schlackenhülle durch den bei seiner Verbrennung nicht schmelzenden Koks in das Gestell hinab, wo über dem geschmolzenen Eisen das geschmolzene Silikat (Schlacke) wie Öl auf Wasser schwimmt. Die Ausscheidung der Reaktionsprodukte in flüssigem und gasförmigem Zustand ermöglicht und sichert einen jahrelangen (kontinuierlichen) Betrieb.

Die modernen Hochöfen sind 30 m hohe Türme. Diese sind aus feuerfestem Material aufgeführt, von einem Eisengerüst gestützt und da, wo dies erforderlich ist, mit äußerer Wasserkühlung ausgerüstet. Der Innenraum des Hochofens gleicht zwei abgestumpften, mit der Basis aneinanderstoßenden Kegeln. Den obersten Teil des Hochofens nennt man Gicht, den mittleren Bauch (die weiteste Stelle) und den untersten Rast. Zwischen Gicht und Bauch ist der Schacht. Der Hochofen wird abwechselnd mit Eisenerz und Koksschichten (S. 99) gefüllt (beschickt). Zur Unterhaltung der Hitze muß stets bei Tag und Nacht heiße, in den Winderhitzern auf 600° bis 900° vorgewärmte Luft eingeblasen werden. Meist sind mit einem Hochofen vier Winderhitzer verbunden, 30 m

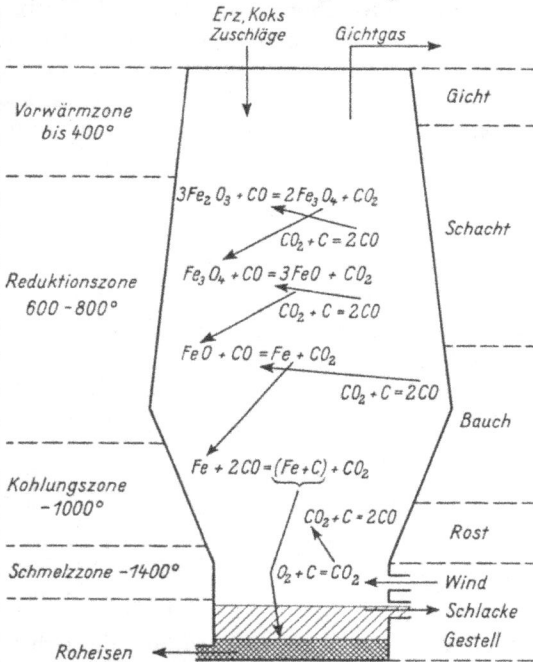

Zonen (links): Vorwärmzone bis 400° · Reduktionszone 600–800° · Kohlungszone –1000° · Schmelzzone –1400° · Roheisen

Beschriftung (rechts): Erz, Koks Zuschläge · Gichtgas · Gicht · Schacht · Bauch · Rost · Wind · Schlacke · Gestell

$$3Fe_2O_3 + CO = 2Fe_3O_4 + CO_2$$
$$CO_2 + C = 2CO$$
$$Fe_3O_4 + CO = 3FeO + CO_2$$
$$CO_2 + C = 2CO$$
$$FeO + CO = Fe + CO_2$$
$$CO_2 + C = 2CO$$
$$Fe + 2CO = (Fe+C) + CO_2$$
$$CO_2 + C = 2CO$$
$$O_2 + C = CO_2$$

Bild 28. Statt „Rost" lies „Rast"!

hohe, nebeneinanderstehende „Türme" von 5—7 m Durchmesser. Im oberen Teil des Ofens werden die in ihn gebrachten Materialien, die Beschickung, von den von unten nach oben strömenden heißen Gasen vorgewärmt und getrocknet (bei etwa 400° C). Deshalb heißt auch diese Zone des Hochofens die Vorwärmzone. Nach unten zu schließt sich an die Zone der Raum an, in dem die Reduktion der Erze vor sich geht und deswegen den Namen **Reduktionszone** führt.

Das zur Reduktion nötige Kohlenoxyd bildet sich im unteren Teil des Hochofens. Dort entsteht zunächst durch Verbrennung von Koks Kohlendioxyd CO_2. Beim Streichen durch die darüberliegenden Koksschichten wird es reduziert gemäß der Gleichung: $CO_2 + C = 2\,CO$ (Gasungsvorgang; s. S. 108!). Dieses CO umspült nun die inzwischen auf 500—900⁰ erhitzten Erze. Dabei findet die Reduktion der Eisenoxyde in 3 Stufen zu schwammigem Eisen statt, wie im Bild 28 angegeben.

Die auf die Reduktionszone folgende Zone heißt **Kohlungszone,** weil in derselben Kohlenstoff vom Eisen aufgenommen wird. Durch die Aufnahme von Kohlenstoff (s. Fn., S. 122!) ist das Eisen leichter schmelzbar geworden und wird beim Sinken in die unten immer stärker werdende Hitze d ü n n flüssig (S c h m e l z z o n e, 1400—1700⁰). Die Hitze wird, wie schon erwähnt, durch Verbrennung von Koks erzeugt, wobei durch die eingeblasene, heiße Luft eine sehr hohe Temperatur erzielt wird **(Verbrennungszone).** Aus dem untersten Teile des Hochofens wird von Zeit zu Zeit das flüssige Eisen abgelassen **(Hochofenabstich),** die Schlacke fließt ständig ab. Tagesproduktion bis zu 1000 t Roheisen; Betriebsdauer 5—10 Jahre.

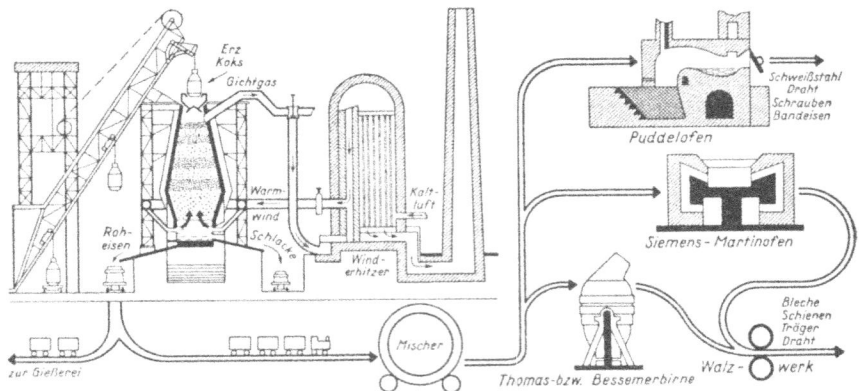

Bild 29.

Die eigenartige Form der Hochöfen hat sich in folgender Weise entwickelt. Bei einem Schachtofen mit quadratischem Grundriß würde in den Ecken die durch ihr eigenes Gewicht zusammengepreßte Beschickung steckenbleiben. Auch für die Zylinderform droht die gleiche Gefahr. Man war also gezwungen, nach unten zu bis zur Kohlungszone auszuweiten. Bei weiterer Fortsetzung zum Kegel würde die Füllung auf die Bodenplatte rutschen. Deshalb wird durch einen umgekehrten Kegel eine Stauung der Massen bewirkt und die Kegelform so gewählt, daß in den heißen Teilen der Kohlungszone bis zur Rastgrenze das allmähliche Niedersinken der Hochofenbeschickung im Verlaufe von etwa 20 Stunden gewährleistet wird, andererseits aber im Gestell eine Trennung der glutflüssigen Massen, unten Eisen, darüber geschmolzenes „Glas" (Schlacke) und der Raum für die Gebläseluft sich ausbildet.

Das Eisen ist zwar Ziel des Hochofenprozesses, aber nicht das einzige Erzeugnis. Wegen des Vorhandenseins der Gangart ist man gezwungen, aus ihr durch Zusätze (Zuschlag oder Möller) ein l e i c h t s c h m e l z - b a r e s S i l i k a t, eine Art Glas herzustellen, das sich im Gestell vom flüssigen Gußeisen durch die große Verschiedenheit des spezifischen Gewichtes mechanisch in zwei nicht miteinander mischbare Flüssigkeiten trennt und das erschmolzene Eisen von der Gebläseluft abschließt. Diese in großen Massen mit anfallende **Hochofenschlacke** wird auf „Schlackensteine", Schlackenwolle (wie Glaswolle, Isoliermaterial) und Hochofenzement verarbeitet.

Die Verwendung des gasförmigen Reduktionsmittels (CO) hat neben der Vervollständigung der Reduktion die erwünschte Kohlung des reduzierten Eisens zu l e i c h t f l ü s s i g e m Gußeisen zur Folge. Unerwünscht ist aber zunächst, daß das Kohlenoxyd nicht vollständig ausgenützt werden kann [1]). Das aus der Gicht abströmende Gas enthält noch sehr beträchtliche Mengen CO (30 Teile CO [= 25 % des Gesamtvolumens], 10 Te. CO_2, 80 Te. N_2), so daß beim Hochofenprozeß neben dem Hauptprodukt Eisen außer der Schlacke ein **zweites Nebenprodukt**, nämlich ein **Heizgas** erzeugt wird. Die gewaltige Luftmenge, die der Betrieb eines Hochofens benötigt, 3 Millionen cbm für 24 Stunden, erfordert große Gebläsemaschinen, zu deren Antrieb ein Teil des Gichtgases verwendet wird. Ein anderer Teil des Gichtgases wird in den Winderhitzern verbrannt und dient so zum Vorwärmen des Gebläsewindes. Das Übrige wird in Ferngasleitungen anderen, Heizgas benötigenden Fabriken zugeführt.

Das aus dem Hochofen auf die beschriebene Art gewonnene Eisen enthält bis zu 10 % Verunreinigungen: 4—5 % Kohlenstoff, ferner P, S, Mn, Si und ist infolgedessen sehr spröde, läßt sich nicht hämmern und ist gegen gewaltsame, mechanische Einwirkung sehr brüchich. Es heißt R o h e i s e n [2]) oder, weil man aus ihm nach Vorbehandlung verschiedene Gebrauchsgegenstände gießt, auch G u ß e i s e n. Es besitzt einen verhältnismäßig niedrigen und scharfen Schmelzpunkt, d. h. es schmilzt, ohne vorher zu erweichen. Für sehr viele Zwecke muß aber aus dem Roheisen durch H e r a b s e t z u n g d e s K o h l e n -

---

[1]) Die Reduktion durch CO (Bild 28!) ist also ein unvollständig verlaufender Vorgang (vgl. S. 75!). Diese Einsicht hat die Eisenindustrie gezwungen, aus der Not eine Tugend zu machen und die Gichtgase weitgehend zu verwerten. Verschluß durch die Gichtglocke mit weitem Gichtgasableitungsrohr. In früheren Zeiten ließ man die Gichtgase oben herausbrennen, bei Gießereischachtöfen noch heutzutage.

[2]) Deutsche Produktion 1936: 42 Betriebe mit 128 im Betrieb gewesenen Hochöfen verbrauchten 31,6 Millionen t Erz und Kiesabbrände (s. S. 81!), 92 500 t Schrott, 2,6 Millionen t Zuschläge und 14,98 Millionen t Koks; Roheisenerzeugung 15,3 Millionen t im Werte von 833,5 Millionen M.

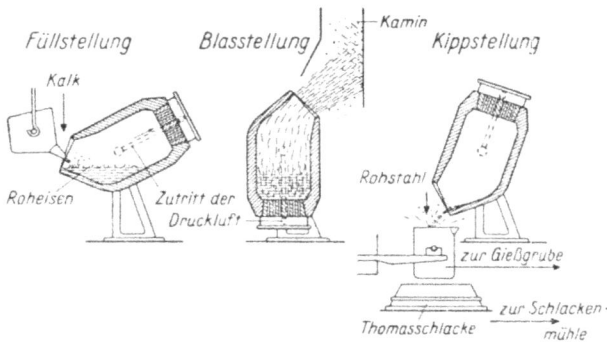

Füllstellung   Blasstellung   Kamin   Kippstellung

Kalk

Roheisen   Zutritt der
Druckluft

Rohstahl

zur Gießgrube

zur Schlacken-
mühle

Thomasschlacke

Bild 30.

stoffgehaltes schmiedbares Eisen hergestellt werden. Dies geschieht im **Thomas-prozeß** (Abb. 30) durch sogenanntes „Windfrischen", wobei der überschüssige Kohlenstoff durch Einblasen von Gebläsewind in das glutflüssige Roheisen in etwa 20 Minuten verbrannt wird und die übrigen Verunreinigungen verschlackt werden. Als Nebenprodukt wird dabei die Thomasschlacke erhalten, die zu **Thomasmehl** gemahlen für unsere Landwirtschaft ein unentbehrliches Düngemittel ist. Fassungsvermögen des Thomas-Konverters bis 40 t Roheisen. Thomasmehl: $Ca_4P_2O_9$; s. II, 99!

Es gibt noch andere Verfahren, um dem Roheisen den Kohlenstoff zu entziehen. Man kann Sauerstoff auch in gebundener Form zuführen, z. B. durch Eisenoxyde (Roteisenstein, Schrott); vgl. S. 65! Der Sauerstoff des Erzes oxydiert den zuviel vorhandenen Kohlenstoff, während das Erz selbst zu Eisen reduziert wird **(Siemens-Martinverfahren)**.

Auf die Verfahren selbst und die **Zusammensetzung der Eisen- und Stahlsorten** wird II, 135 eingegangen.

Enthält das so behandelte Eisen nur 0,1—0,5 % Kohlenstoff, so heißt es S c h m i e d e e i s e n. Es läßt sich nicht gießen und nicht wie der Stahl durch Erhitzen und rasches Abkühlen härten. Aber es hat die sehr wertvolle Eigenschaft, schon weit unter seinem Schmelzpunkt zu erweichen, so daß man es durch Schmieden formen kann. Vgl. S. 11!

Bei höherem Kohlenstoffgehalt — zwischen 0,5 und 1,5 % — läßt sich das Eisen durch wiederholtes Erhitzen und Abkühlen auf einen großen Härtegrad und hohe Elastizität bringen. Solches härtbares Eisen nennt man **Stahl**. C h e m i s c h   r e i n e s   E i s e n wird sehr selten, z. B. für Elektromagnete, angewendet. Vgl. auch S. 66, Thermit!

Übg.: Die Verunreinigungen des Gebrauchseisens kann man in einfacher Weise durch Behandlung mit Salzsäure feststellen. Bei reinem Eisenpulver DAB 6 ist der entwickelte Wasserstoff nahezu geruchlos, bei Eisenfeile sehr widerlich riechend. Es gibt nun nicht, wie bei Sauerstoff und Ozon, etwa 2 verschieden riechende Formen des Wasserstoffs, sondern das technische Eisen enthält Beimengungen, die nach Art der Umsetzung S. 79 stark riechende Wasserstoff v e r b i n d u n g e n der Beimengungen des technischen Eisens

liefern. Daher stammt auch der Metallgeruch und teilweise auch der Metall-
geschmack, wenn saures Obst mit gewöhnlichen Eisenmessern geschnitten
wird.

Bei ungeschützter Lagerung von Eisenabfällen und ausgebrauchten
Eisenerzeugnissen an feuchter Luft kehrt Eisen durch Rosten in uner-
wünschter Weise wieder in den **oxydischen** „**Erz**"**zustand** zurück
(Schrott), [$Fe_2O(OH)_4$ bzw. $Fe(OH)_3$], also hochwertiges „Eisenerz", wenn
durch Zusammenpressen die Hohlräume und sperrigen Fortsätze beseitigt sind. Beim Schmieden wird das Eisen teilweise zu H a m m e r -
s c h l a g Fe_3O_4 oxydiert, der sich ablöst. Vgl. S. 47!

A n h a n g : Die Eisenerze geben Veranlassung, auf **chemische Rechnungen** einzugehen. Das Brauneisenerz ist in Deutschland verhältnismäßig weit verbreitet. Abgesehen von Schwierigkeiten der bergmänni-
schen Gewinnung selbst, ist das Vorkommen häufig, wie z. B. im
Fränkischen Jura, nicht ergiebig genug, um an Ort und Stelle Hütten-
anlagen zu errichten, zumal wenn die Kohlen für den Hüttenkoks von
weit her bezogen werden müßten. Andererseits ist der Transport· zu
schon bestehenden Hüttenwerken infolge des Wassergehaltes der Erze
selbst nach weitgehender Beseitigung der Gangart in normalen Zeiten
unwirtschaftlich. Um sich ein Bild davon machen zu können, muß
man ausrechnen, w i e v i e l W a s s e r i n e i n e r b e s t i m m t e n
M e n g e E r z m i t t r a n s p o r t i e r t w i r d.

In der Formel $Fe_4O_3(OH)_6$ sind 6 Wasserstoffatome vorhanden. Es
ist also Gelegenheit für die Bildung von 3 Wassermolekeln gegeben:

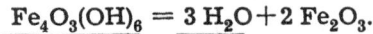

$$\underline{Fe_4O_3(OH)_6} = \underline{3 H_2O} + 2 Fe_2O_3.$$

Man muß demnach die beiden, unterstrichenen Formeln in das Verhältnis setzen und, um rechnen zu können, zu den Molekulargewichten
(S. 32) übergehen:

$$Fe_4O_3(OH)_6 : 3 H_2O = (4 \cdot 56 + 9 \cdot 16 + 6) : 3 (2 + 16) = 374 : 54 = 100 : x .$$

x = ungefähr 14,4, d. h. das Erz enthält 14,4 % chemisch gebundenes
Wasser (ungefähr $1/7$). Bei 100 t r e i n e m Erz werden 14,4 t Wasser
= 144 hl Wasser unfreiwillig mittransportiert, für welche die Trans-
portkosten zum Erzfrachtsatz mitbezahlt werden müssen.

IX. Schlußbetrachtung

40. Vorkommen der Elemente; Verwitterung; Ernährung aus eigenen Bodenerzeugnissen

Bei Durchsicht der Elemententafel S. 135 in bezug auf die Entdeckungszeiten ergibt sich, daß 14 Elemente seit langer Zeit bekannte Stoffe sind. 16 wurden im 18. Jahrhundert entdeckt, die übrigen im 19. Jahrhundert, einige, die in der Tafel nicht aufgeführt sind, gar erst im 20. Jahrhundert. In diesen Angaben spiegelt sich der Fortschritt der chemischen Wissenschaft, die mit immer feineren Methoden an die Analyse des Stoffbestandes unserer Erde herangegangen ist und die „seltenen" Elemente aufgefunden hat. Es erhebt sich die Frage: Sind überhaupt alle Elemente bekannt und wie ist das massenhafte oder seltene Vorkommen derselben zu erklären? Die Antwort kann erst im Teil II bei den Abschnitten „Periodisches System", „Kernchemie", „Geochemie" und „Mikrochemie" gegeben werden. Vorweggenommen sei, daß nach neuestem Stand die 96 Plätze des periodischen Systems mit Elementen besetzt sind. Die physikalischen Erkennungsmethoden sind so verfeinert worden, daß wir nicht nur über den stofflichen Bestand unserer Erde, sondern auch des Weltalls (Kosmos) zuverlässige Aussagen machen können. Im Rahmen der Grundbegriffe kann nur die Verteilung der Elemente im menschlichen Lebensbereich und ihre Rückwirkung auf die stofflichen Grundlagen der Lebensvorgänge in großen Zügen erläutert werden.

Schon in etwa 15 km Höhe, d. h. in einer vertikalen Entfernung, die ungefähr der horizontalen Entfernung des Großstadt-Vorortsverkehrs entspricht, herrscht stoffliche Ruhe in der Atmosphäre. Die hier beginnende Stratosphäre ist frei von Witterungserscheinungen. Ebenso ist es schon in wenigen km Tiefe in der Gesteinshülle (Lithosphäre). Denn die vulkanischen Erscheinungen haben ihren Ursprung in den obersten Teilen der Lithosphäre.

Dort, wo Gesteinshülle, Gashülle und Wasserhülle (Hydrosphäre) zusammenstoßen, ist der Schauplatz unseres Lebens, die Biosphäre (S. 82, Fn.), die an der Kruste der Lithosphäre am Grunde des Gasozeans der Atmosphäre klebt, in die Hydrosphäre hineinwachsend, oder vielleicht vor Millionen von Jahren aus der Wasserhülle auf das Festland gestiegen. Hier ist auch der Ort der natürlichen, chemischen Vorgänge, die seit vielen Jahrmillionen den ursprünglichen stofflichen Aufbau der Erdkruste durch Zerstörung, Umbildung und Neubildung fortwährend verändern.

Wann ein Gestein fertig ist, wann seine Zerstörung oder Umbildung beginnt, ist schwierig zu entscheiden. Eigentlich sollte man meinen, nichts wäre leichter als dies. Nur im Augenblick der kristallinen Verfestigung ist das

Gestein mit seiner Umgebung im Gleichgewicht. Durch Umsetzung mit der Atmosphäre (O_2, CO_2, H_2O-Dampf) in Berührung mit der Hydrosphäre findet unter späterer Mithilfe der Biosphäre die Bodenbildung aus dem „gewachsenen" Fels statt. Am Anfang der **Verwitterung** steht die eigentliche Wettereinwirkung. Durch Temperaturschwankungen entstehen Risse und Sprünge im harten Gestein und das Regenwasser kann auch ohne stoffliche Änderung lösend wirken. Diese Art der Verwitterung wird als **Erosion** von der chemischen Einwirkung des Wassers, Luftsauerstoffs und Kohlendioxyds unterschieden, welche als **Korrosion** bezeichnet wird. Durch Verfrachtung des Verwitterungsschuttes (Wasser, Eis und Wind) bilden sich dann die Ablagerungen (Sedimente). So unscheinbar und vielleicht auch uninteressant dem oberflächlichen Beobachter die in unserer Umgebung ständig sich vollziehende Verwitterung erscheint, so verwickelt ist ihr Ablauf und uns so riesenhaft ist ihre Auswirkung. Die Geochemie der Sedimente und der angesammelten Verwitterungslösung des Weltmeeres ist die durch riesige Zeiträume hindurch sich in das Ungeheure steigernde Anhäufung kleinster (mikrochemischer) Umbildungen. Das Ergebnis der Verwitterung kann als eine chemische Analyse (Aufschluß) durch die Wasser- und Gashülle aufgefaßt werden und liefert dabei folgende Stoffgruppen: 1. Chemisch und mechanisch sehr widerstandsfähiges Material (z. B. Quarzsand); 2. Ansammlung feinen Schlammes, Ton vereint mit Eisen- und Mangansedimentation; 3. Karbonate (Kalk, Dolomit), teils chemisch gefällt aus Hydrogenkarbonaten durch Verarmung der Gashülle an CO_2 (Kreidezeitalter), teils organogenen Ursprungs; 4. Auscheidung gelöster Salze: Steinsalz, Gips, Anhydrit; K-, Mg- und Br-Salze der Kalilager. 5. Die Salzlösung des Weltmeeres.

Die Verwitterung treibt das Geschehen auf der Erde an, sie schreibt die Erdgeschichte, wenn wir in den Verwitterungsprodukten chemisch zu lesen verstehen. Auf Grund dieser Überlegung liefert die zuverlässigste Grundlage für die quantitative Ermittelung des Hundertsatzes der Elemente in der u r s p r ü n g l i c h e n Erdrinde die Analyse von Lehmen aus dem Erdaltertum in seither unberührter Lagerstätte, besonders deshalb, weil das Ergebnis mit den Mittelwerten aus Tausenden von Gesteinsanalysen weitgehend übereinstimmt.

Unter Einbeziehung der Hundertsätze der Elemente in der Gashülle und in der Wasserhülle erhält man für den der chemischen Analyse zugänglichen Teil unserer Erde folgende Hundertsätze:

Sauerstoff . . .	50,0	**Kalzium** . . .	3,5	**Wasserstoff** . . .	0,94
Silizium	25,3	**Magnesium** . .	2,5	**Titan**	0,3
Aluminium . .	7,26	**Natrium**	2,27	**Kohlenstoff** . . .	0,21
Eisen	5,08	**Kalium**	2,23		99,59

Diese 11 Elemente, von denen nur das Titan, ein dem Silizium verwandter Grundstoff, noch nicht genannt wurde, machen schon 99,59 % aus. Alle übrigen Elemente teilen sich in die fehlenden 0,41 Gewichts-%; auch der Schwefel (0,04), Stickstoff (0,02) und Phosphor (0,09), welche für die Biosphäre von größter Bedeutung sind, fallen darunter. Verbindungen dieser zuletzt genannten Elemente produziert die chemische Großindustrie jährlich in Millionen von t, d. h. sie bringt die Rohstoffe in für die Landwirtschaft günstig verwertbare Formen. Ohne diese Nachhilfe könnte die **Ernährung aus eigenen Bodenerzeugnissen** bei der gegenwärtigen Bevölkerungsdichte nicht einmal zur Hälfte durchgeführt werden. Bis in das 19. Jahrhundert hinein war man der

Meinung, daß die Pflanze sich durch die Aufnahme von Humus ernähre. Dieser allzu einfachen Annahme trat der deutsche Chemiker Justus von Liebig (1803—1873) durch die Erforschung der Ernährung von Tier und Pflanze entgegen. Ihm verdanken wir die Kenntnis der Stoffe, welche die Pflanze mit ihren Wurzeln aus dem Boden aufnimmt. Von diesen kehren K-, N- und P-Verbindungen durch die Stalldüngung nicht in ausreichendem Maße wieder in den Boden zurück, da die Bodenprodukte zum Verbrauch in die Städte „wandern" und so die mit der Ernte entnommenen Stoffe dem landwirtschaftlichen Boden d a u e r n d entzogen werden. Der Ersatz durch „künstliche" Düngung beseitigte die Notwendigkeit, etwa $1/3$ der Felder brach liegen zu lassen, d. h. in unbestellten Feldern durch die langsam wirkende Verwitterung den K- und P-Gehalt und ferner durch die Lebenstätigkeit von Bakterien den N-Gehalt wieder anzureichern. Darüber hinaus wurden die ha-Erträge aller nunmehr ohne Brache bestellten Felder gewaltig gesteigert. Durch volkstümlich gehaltene Vorträge und seine „chemischen Briefe" hat Liebig die Folgerungen aus seinen Erkenntnissen in weiteste Kreise getragen und die Lebenshaltung des gesamten Volkes auf neue Grundlagen gestellt. Bei der wachsenden Bevölkerungszahl und bei der fortschreitenden Industrialisierung und Verstädterung war dies eine unentbehrliche Voraussetzung der Ernährungsmöglichkeit. Aber Liebig hat nur eine Seite der Pflanzenernährung aufgedeckt, nämlich die **Massen- und Baunährstoffe**: K-, Ca-, Mg-, Fe-, S-, P- und N-Verbindungen. Nach in den letzten Jahren gewonnenen Erkenntnissen gehören noch als 2. Gruppe die anorganischen **Hochleistungselemente** und als 3. die organischen (C-haltigen) **Hochleistungswirkstoffe** dazu. Letztere (Wuchsstoffe, Vitamine, Hormone) können n u r durch Organisches (Kompost, Stallmist, Jauche) dem Ackerboden zugeführt werden.

Die anorganischen Hochleistungselemente, zu denen Zn, Cu, Mn, B, V und Co (S. 135) gehören, werden auch als Spurelemente bezeichnet, weil sie in sehr geringen Mengen bei der Analyse der t r o c k e n e n Pflanzenmasse auftreten, Größenordnung 1 : 1 Million oder mg im kg, und deshalb lange Zeit für nicht notwendig gehalten wurden. Die bei der Gesamtanalyse leicht übersehbaren „Spuren" üben aber auf die Menge und Güte der Ernte eine überraschend große Wirkung aus, wie ähnliches schon lange vom J o d bekannt war. In sehr geringen Mengen (Spuren) ist nämlich J unentbehrlich für die Lebensvorgänge vieler Organismen, auch für uns Menschen, o h n e daß ihm ein eigentlicher N ä h r w e r t zukommt; ja, es wirkt in Mengen, die den Grenzwert überschreiten, als G i f t.

Diese Andeutungen sollen in den beiden anderen Teilen an gegebener Stelle ergänzt werden. Es möge ihnen der Eindruck entnommen werden, daß den massenhaften und den seltenen Elementen, von der Biosphäre aus betrachtet, eine besondere Sinngebung innewohnt und daß die Chemie uns Klarheit über Grundlagen unseres Lebens und über die Ausgestaltung unserer Lebens- und Tätigkeitsmöglichkeiten verschafft.

Wiederholungsaufgaben: 1. Stelle die Reduktionsgleichungen für rotbraunes Eisenoxyd auf a) durch Wasserstoff (50, 61), b) durch Aluminium (65, andere Art des Thermitgemenges)! — **2.** Leitet man NH_3 über glühendes CuO, so erhält man elementaren Stickstoff und .... Stelle die Gleichung auf! Warum muß Teil A des Bildes 14 b in diesem Falle weggelassen werden (89) bzw. durch ein mit gebranntem Kalk gefülltes Rohr ersetzt werden? Wieviel Stickstoff und wieviel von den anderen Reaktionsprodukten ist zu erwarten, wenn man 1 l NH_3 = 0.76 g umsetzt? — **3.** Was ist beim Erhitzen von gelöschtem Kalk auf Rotglut zu erwarten (71, 63)? — **4.** Beim Zusammentreffen von Ammoniak mit salpetriger Säure setzt durch Erwärmen Gasentwicklung ein. Gleichung? (87, 70, 63.) Wie kann dieses Gas von mitgerissenen Ausgangsstoffen gereinigt werden und warum ist es dann besonders rein? (43, Fn.: 36 Kleingedrucktes.) — **5.** Ergänze: a) $Fe + H_2SO_4 =$ .... (59); b) $Na_2CO_3 + H_2SO_4 =$ .... (84 und 107); c) $NaHCO_3 + HCl =$ ....; Arzneimittel gegen Sodbrennen?! d) $Mg + x HCl =$ ... und $x Al + y H_2SO_4 =$ .... (59, 135); e) $Ca(OH)_2 + 2 H_2SO_4 =$ .... (70, 84) und $Ca(OH)_2 + x HNO_3 =$ .... (70); f) .... $+ H_2SO_4 = NaHSO_4 + HCl \uparrow$ (z. Seite 58; Darstellung von gasförmigem HCl, dessen wäßrige Lösung z die Salzsäure ist. Vorsicht bei einer Rgl.-Probe! Schäumen beim Zutropfen von cc. H_2SO_4; Warnung S. 77. Vgl. S. 84, Fn. 2! — **6.** Stelle die Röstgleichung von Grauspießglanz und Bleiglanz auf! — **7.** Wie ist zu erklären, daß ein Gemenge von Grauspießglanzpulver und Kaliumchlorat (Zündholz) explosiv ist? — **8.** Welches Ergebnis ist für „Rösten" von Zinnober zu erwarten (53)? — **9.** Welcher Hundertsatz Sauerstoff ist in H_2O und in H_2O_2 enthalten (127)? — **10.** Welcher Hundertsatz Kohlenstoff ist in Methan (101), Benzol (100), Äthanol (114) und Kohlenoxyd (108) enthalten? Wie äußert sich der verschiedene Hundertsatz beim Verbrennen an der Luft? Stelle die Gleichung für die vollständige Verbrennung von Benzol auf! — **11.** Welche Bauformel ergibt sich für die Essigsäure (115), Oxalsäure $C_2O_4H_2$ (81, 101), Kohlensäure (106), Schwefelsäure (76) und Phosphorsäure (92)? — **12.** Wieviel Wasser wird mit einem ℔ Kristallsoda zum Sodapreis eingekauft (107, 127)? — **13.** Wieviel Kohlenstoff ist in einem cbm Kalkstein gebunden enthalten (spez. Gew.=2,7)? Für einen „verlorenen" Kohlenstoff, da er schon im oxydierten Zustand ist; Beweis: Einwirkung von Säuren auf Kalkstein. — **14.** Wieviel Luft verbraucht eine Ofenfüllung von 20 ℔ Steinkohle zur vollständigen Verbrennung, wenn nur die in der angenommenen Steinkohle enthaltenen 75% Kohlenstoff gerechnet werden (32 kg Sauerstoff = 22,4 cbm)? Diese Luftmenge muß aus dem beheizten Raum durch den Kamin abströmen! — **15.** Stelle sämtliche Vorgänge zusammen, bei welchen die Katalyse besonders erwähnt wurde! — **16.** Aus den Gleichungen: $2 Cu + O_2 = 2 CuO + 20$ kcal und $2 H_2 + O_2 = 2 H_2O + 137$ kcal ist die Wärmetönung für die Wassersynthese S. 62 zu berechnen (S. 53). — **17.** Zu Salzsäure in einem Erlenmeyerkolben im Gesamtgewicht 85,8 g werden genau 10,0 g einer gesiebten Bodenprobe gegeben. Nach Beendigung der CO_2-Entwicklung wird das Gewicht als 94,3 g festgestellt. Wieviel % Kalziumkarbonat waren in der „Erde" enthalten? — **18.** Welches multiple Verhältnis liegt in den 3 Eisenoxyden FeO, Fe_3O_4 und Fe_2O_3 vor? — **19.** Der zum Bau eines Hauses verwendete Mörtel enthielt 7400 kg gelöschten Kalk. Wieviel Liter Wasser entstehen durch die Reaktion des Luftmörtels ohne Berücksichtigung des rasch verdunstenden Anrührwassers? — **20.** In einem ohne jede Ventilation geschlossenen Lehrzimmer befinden sich 30 Personen. Wie schwer ist die Luftmenge (Litergewicht 1,293 g)? Wieviel Liter CO_2 enthält sie anfänglich? Auf welchen %-Gehalt ist CO_2 nach einer halben Stunde angestiegen, wenn jede Person in der Minute 0,21 Liter CO_2 ausatmet?

Namen- und Sachverzeichnis

Affinität 33, 46, 53
Aggregatzustände 8, 20
Aktive Kohle 103
Alchemie 8, 13
Alkalische Reaktion 68
Alkohol 114
Allotrope Formen 37, 96, 91
Aluminium 49, 59, 65, 129
Ammoniak 87, 97, 104, 112
Ammoniumkarbonat 108
Amorph 25, 74, 95
Analyse 28, 57, 129
Änderungen, stoffliche 9, 26—36
Anhydrid 75, 91, 105, 118
Anthrazit 96
Antiklopfmittel 117
Apatit 9, 92
Asbest 15, 26, 76
Asche 41, 103
Assimilation 112
Atemschutz 104
Äthan 101
Äthylalkohol 14, 114, 117
Atmung 49, 50, 106, 109, 112
Atom 31—36
Atomgewicht 32
Ätznatron 68
Avogadro, Hypothese von 36
Azetate 115

Backpulver 108
Base 71, 87, 114
Bauformeln 62, 80
Benzin 60, 102, 117
Benzol 67, 99, 117
Berginverfahren 103
Berzelius 36, 136
Biochemie 10, 14, 73, 82, 87, 109—115, 129
Bleichen 58, 63, 74
Bleiglanz 10, 73
Blut 14, 49, 107, 109
Brand (Alchemist) 89
Branntwein, Frucht- 114
Brauneisenerz 122
Braunkohle 95, 96, 102
Braunstein 45, 50, 119
Brennstoffe 53, 96, 99, 102
Brom 24, 104
Bunsenbrenner 51

Butan 101
Buttersäure 115

Chemie 7, 36, 136
Chemische Vorgänge 9, 36
Chemolumineszenz 90
Chilesalpeter 84
Chlor 58, 69, 95
Chlorophyll 112
Chlorwasser 58

Dalton 31, 136
Dampf 17
Dehydrierung 64
Demokritos 31
Desinfizieren 65, 106, 122
Desoxydation 64
Destillation 17, 77, 114
—, fraktionierte 100, 102
—, trockene 97
Diamant 9, 95
Diastase 114
Diffusion 21, 24, 112
Dissimilation 112
Düngemittel, künstliche 87, 89, 93, 126, 130

Edelgase 36, 43
Eigenschaften, wesentliche 8, 11
Eis 17, 54
Eisen 16, 26, 36, 42, 47, 50, 66, 121
Eisenmineralien 122
Eisenoxyd 47, 50, 65, 122
Eisensulfid 27, 79
Eiweiß 14, 84, 112
Elektrolyse 57
Elemente 29, 33, 135
Email 49, 119
Emulsion 14
Energie 18, 50, 53
Entzündungstemperatur 40, 48, 77, 91
Enzyme 110, 114
Erdöl 102
Erhaltung des Stoffes 35
Ernährung 129
Essigsäure 115
Exotherm 53
Explosion 46, 48, 53, 60, 70, 86.

Fällung 56
Färbung (der Gläser) 119

Faserstoffe 116
Faulschlamm 101
Ferment 63, 110
Fette 14, 113
Feuerlöschen 41, 66, 103, 105
Filter 15, 55, 114
Flamme, Wesen der 41, 97
Flammenfärbung 57, 64, 67, 70
Formeln, Wesen der chemischen 36—38, 62, 80
Gangart 122
Gärung 101, 113
Gasentwicklungsapparat von Kipp 60, Bild 13
Gasöl 102, 117
Gasreinigung 61, 73, 76, 99, 104, 108
Gaswasser 87, 99
Gebläsebrenner 64, Bild 15
Gemenge 13, 16, 29, 42
Generatorgas 97, 108
Gewichtsgesetze, chemische 31
Gichtgas 125
Gift 58, 73, 80, 93, 99, 104, 109, 130
Gips 9, 22, 79, 89
Glas 9, 54, 57, 68, 118
Gleichung, chemische 37, 80
Glyzerin 115
Gold 11, 59, 69, 77, 119
Graphit 95
Grauspießglanz 46, 73
Grubenlampe 52
Grundvorgänge 26, 36
Gründüngung 87
Guano 83, 93
Gußeisen 11, 13, 72, 126

Härte 9, 46, 127
Hefepilze 114
Heizgase, techn., 103, 108, 125
Heizwert 96
Helium 36, 43, 65
Hochofen 123
Holzkohle 97, 104, 122
Hydrierung 64, 79, 87, 101, 103
Hydroxylgruppe 62, 68, 71, 87, 111, 114

Indikator 68, 71
Jod 25, 110, 130
Ion 56

Kalium 67, 69, 86, 107, 129
Kaliumchlorat 44, 82
Kaliumpermanganat 23, 24, 86
Kaliumsalpeter 22, 46, 85
Kalkbrennen 71
Kalk, gelöschter 71, 105, 121
Kalksalpeter 84
Kältemischung 22
Kalziumbikarbonat 106
Kalziumkarbonat 65, 71, 106, 121, 129
Katalyse 29, 45, 63, 76, 77, 87, 88, 101, 103, 104, 110, 117, 122
Kerzenflamme 39, 64
Kieselsäure 118
Knallgas 58, 60, 64
Kochsalz 19, 22, 32, 58, 69
Kogasin 103
Kohäsion 18, 20, 25, 46
Kohle, aktive 103
Kohlehydrate 111
Kohlendioxyd 39, 44, 64, 99, 104, 112, 114, 123
Kohlensäure 44, 106
Kohlenstoff 65, 94—118
Kohlenstoffmonoxyd 31, 86, 98, 104, 105, 108, 122, 123, 125
Kohlenwasserstoffe 64, 99, 100, 102
Kohleverflüssigung 103
Koks 99, 103ˑ
Kontaktverfahren 77
Korrosion 49, 129
Korund 50, 66
Kreislauf des Kohlenstoffs und des Sauerstoffs 112
— des Stickstoffs 86
— des Phosphors 93
Kristall 10, 22, 25, 59, 70, 74, 95, 118, 122
Kristallwasser 79
Kühler 17, 97
Kunstseide 116
Kunststoffe 100
Kupfer 11, 41, 59, 61, 70, 74, 93
Kupfersulfat 79, 94

Lackmuspapier 58, 68, 87
Laugenhaft 68
Lavoisier 42, 136
Leuchtgasgewinnung 97
Leuchtöl 102
Liebig, Justus von 130
Löslichkeit 10, 23, 43
Lösung, chemische 59, 68, 75, 91, 116
—, kolloidale 25
Luft 8, 39—51, 86
—, flüssige 42

Magnesium 9, 41, 59, 66
Metalle 11, 37, 41, 53, 59, 66, 67, 121, 129
Methan 98, 100, 117
Milch 14, 18
Milchsäure 14, 115
Mineral 9, 30, 39, 50, 73
Mineralwasser 56. 79
Molekel 19, 24, 35, 112
Molekulargewicht 32, 127
Mörtel 121

Naphthalin 100
Natrium (Metall) 67
Natriumbikarbonat 94, 107
Natriumchlorid 70
Natriumhydroxyd 68
Natronlauge 66
Natronsalpeter 22, 84
Nebel 17, 26, 40, 70, 74, 76. 88, 98
Neutralisation 59, 70, 75, 78. 85, 88, 106
Niederschlag 56
Nitrate 86

Oberflächenkraft 18, 104
Ölfeuerung 102
Orthophosphorsäure 92
Oxyd 41, 47, 67
Oxyde des Kohlenstoffs 31, 104. 108, 123
—, mineralische 50
Ozon 37, 91

Papier 15, 22. 116
Paraffin 64, 102
Petroleum 50, 102
Pflanzenstoffe 109—114, 116
Phenolphthalein 68
Phlogiston 42, 136
Phosphate 92
Phosphor 40, 89, 99

Phosphorit 92
Phosphorpentoxyd 40, 50, 66, 91
Phosphorsäure 92
Platin 55, 61, 76, 77, 89
Pottasche 107
Propan 101
Proportionen, konstante 30
—, multiple 31
Pyrit 30, 38, 73, 77

Quarz 9, 13, 50, 118
Quecksilber 10, 27, 36, 53
Quecksilberoxyd 27, 38

Radikal 62, 88, 114
Radioaktivität 33, 35
Reaktionsgeschwindigkeit 29, 45, 48
Reaktionstypus 28, 38, 50, 53, 59, 63, 67, 71, 79, 82, 84, 97, 114, 121
Rechnungen, chemische 32. 127
Reduktion 60, 94, 103, 108, 112, 123
Reinstoff 13
Rohrzucker 110
Rost 9, 41, 49, 127
Rösten 77, 80, 122
Ruß 39, 50, 95, 101

Salmiak 22, 88
Salpeter 22, 84
Salpetersäure 84. 89
Salzbildung 59, 71, 78, 79, 88, 92. 106, 118, 121
Salzsäure 58. 70
Sauerstoff 27, 36, 42, 44, 49. 60. 64, 112, 129
Säure 59, 68. 71
Säuren, kohlenstoffhaltige (organische) 22, 93, 115
Schaum 15, 18
Schießpulver 13, 46, 73, 86
Schlacke 26, 99, 125
Schlämmen 16
Schmiedeisen 12, 126
Schmieröl 118
Schrott 127
Schwefel 16, 26, 46, 47, 68, 72, 85, 112, 129
Schwefeldioxyd 50, 66, 74
Schwefeleisen 27, 30, 77

Schwefelkohlenstoff 16, 48, 73, 90
Schwefelsäure 59, 77
Schwefeltrioxyd 75
Schwefelwasserstoff 63, 79, 99
Schweflige Säure 75, 85
Seife 56, 60, 68, 113
Selbstentzündung 48, 90
Silikatgemische 118
Silizium 65, 118, 129
Soda 57, 68, 69. 107
Spez. Gewicht 8, 16
Stahl 47, 127
Stalldünger 50, 86, 130
Stärke 110
Steinkohle 94, 97
Steinsalz 69
Stickoxyde (nitrose Gase) 49, 86, 88

Stickstoff 41—43, 47, 82, 112, 129
Stoff 8, 13
Sublimation 25, 72
Sulfate 78, 93
Sulfide 27, 74, 79, 90
Sulfite 75, 85
Superphosphat 93
Suspension 14
Symbole 36, 135
Synthese 28

Teer 97, 100
Thermit 65
Thomasschlacke 93, 126
Tierkohle 15, 103
Ton 20, 95, 120, 129
Torf 96, 101, 112
Traubenzucker 109, 113
Treibstoffe 103. 116

Trockene Destillation 96
Trockeneis 106

Umsetzung 28, 71, 84

Valenz 33, 65
Verbindung 29—36, 50
Verbrennung 39—54, 126
Verwitterung 49, 78, 129
Verdunsten 25
Vereinigung 27, 67, 79, 88
Verwandtschaft, chemische 33

Wärmespaltung 27, 38, 45, 71, 76, 101, 107, 108
Wärmetönung, negative, positive 53
Wasser 10, 17, 22, 39, 44, 56, 61, 63, 67, 86, 129
Wassergas 103

Bild 31.

Erklärung zu Bild 31: Ordnungszahlen über dem Symbol; Atomgewicht unter dem Symbol. Römische Numerierung: G r u p p e n , arabische: P e r i o d e n. Bei den Basen-bildenden Elementen horizontale, bei den Säure-bildenden Elementen vertikale Schraffierung, deren Dichte die Zu- und Abnahme zum Ausdruck bringt. Die „beiderseitigen" Elemente tragen schwache Horizontal- und Vertikalschraffierung. Die Pfeile geben Beginn und Ende der Nebenreihen an (s. das vollständige System II, 6!) und lenken die Aufmerksamkeit auf die dadurch verursachten Sprünge der Ordnungszahlen.

Wasserstoff 21, 36, 57—64, 67, 98, 103, 127
Wasserstoffsuperoxyd 63
Werkstoff 7, 11, 120
Wertigkeit 33, 38, 62, 80
Wetter, schlagende 52, 94
Winderhitzer 123
Witterung 44, 129
Wuchsstoffe 130

Xanthoproteinreaktion 84
Zellulose 111, 116
Zellwolle 73, 117
Zement 78, 120, 125
Zerknallung 46, 60
Zersetzung 28, 45, 57, 63
Zersetzungsdestillation 96, 101

Zink 41, 58, 66, 74
Zinkblende 73
Zinnober 28, 37, 73
Zucker 78, 109
Zündhölzer 46, 94
Zustandsänderung 17
Zymase 114

Name	Jahr der Ent-deckung	Zeichen, Wertigkeit	Atom-gewicht $O=16,000$	Name	Jahr der Ent-deckung	Zeichen, Wertigkeit	Atom-gewicht $O=16,000$
Aluminium	1827	Al, III ..	26,97	Niobium ..	1801	Nb, V ..	92,91
Antimon ..	1460	Sb, III, V	121,76	Osmium ..	1803	Os, IV,	
Argon ...	1894	Ar — ...	39,944			VIII	190,2
Arsen ...	1250	As, III, V	74,91	Palladium .	1803	Pd, II, IV	106,7
Baryum ..	1808	Ba, II ...	137,36	Phosphor .	1669	P, III, V .	30,98
Beryllium .	1828	Be, II ...	9,02	Platin ...	1750	Pt, II, IV	195.23
Blei	..	Pb, II, IV	207,21	Praseodym	1885	Pr, III ..	140,92
Bor	1807	B, III, IV	10,82	Quecksilber	..	Hg, I, II .	200,61
Brom	1826	br, I, V ..	79,916	Radium ..	1898	Ra, II ..	226,05
Cadmium .	1841	Cd, II ...	112,41	Rhodium ..	1803	Rh, IV ..	102,91
Caesium ..	1861	Cs, I ...	132,91	Rubidium .	1861	Rb, I ...	85,48
Cerium ...	1803	Ce, III, IV	140,13	Ruthenium	1878	Ru, IV,	
Chlor	1774	Cl, I, IV, V,				VIII	101,7
		VII	35,457	Samarium .	1845	Sm, III ..	150,43
Chrom ...	1797	Cr, II, III,		Sauerstoff .	1774	O, II ...	16,000
		VI ...	52,01	Skandium .	1879	Sc, III ..	45,10
Eisen	..	Fe, II, III	55,85	Schwefel .	..	S, II, IV	
Erbium ...	1843	Er, III ..	167,2			VI ...	32,06
Fluor	1886	F, I	19,00	Selen	1817	Se, II, IV,	
Gadolinium	1880	Gd, III ..	156,9			VI ...	78,96
Gallium ..	1875	Ga, III ..	69,72	Silber ...	..	Ag, I ...	107,880
Germanium	1886	Ge, IV ..	72,60	Silizium ..	1823	Si, IV ..	28,06
Gold	..	Au, I, III	197,2	Stickstoff .	1772	N, II—V .	14,008
Helium ...	1895	He, — ..	4,003	Strontium .	1808	Sr, II ..	87,63
Indium ...	1863	In, III ..	114,76	Tantal ...	1802	Ta, V ..	180,88
Iridium ..	1803	Ir, IV ..	193,1	Tellur ...	1782	Te, II, IV	
Jod	1811	J, I, V,				VI ...	127,61
		VII	126,92	Terbium ..	1843	Tb, III ..	159,2
Kalium ...	1807	K, I ...	39,096	Thallium ..	1861	Tl, I, III	204,39
Kalzium ..	1808	Ca, II ...	40,08	Thorium .	1828	Th, IV . ,	232,12
Kobalt ...	1733	Co, II, III	58,94	Thulium ..	1880	Tm, III .	169 4
Kohlenstoff	..	C, IV ..	12 010	Titan	1791	Ti, II—IV	47,90
Krypton ..	1898	Kr, — ..	83,7	Uran	1789	U, IV, VI	238 07
Kupfer ...	..	Cu, I, II ..	63,57	Vanadium .	1830	V, II—V .	50,95
Lanthan ..	1839	La, III ..	138,92	Wasserstoff	1766	H, I	1,008
Lithium ..	1817	Li, I ...	6,940	Wismut ..	1450	Bi, III, V	209 00
Magnesium	1830	Mg, II ...	24,32	Wolfram ..	1783	W, II—VI	183,92
Mangan ..	1774	Mn, II, IV		Xenon ...	1898	X, — ...	131,3
		VII	54,93	Ytterbium .	1878	Yb, III ..	173,04
Molybdän .	1778	Mo. II-VII	95,95	Yttrium ..	1794	Y, III ..	88,92
Natrium ..	1807	Na, I ...	22,997	Zink	..	Zn, II ..	65,38
Neodym ..	1885	Nd, III ..	144,27	Zinn	..	Sn, II, IV	118,7
Neon	1898	Ne, — ..	20,183	Zirkonium	1789	Zr. IV ..	91.22
Nickel ...	1751	Ni, II, IV	58,69				

Zeit-Tafel

Ägyptisches „chemisches" Gewerbe 3. Jahrtausend v. Chr. Salben, Schminke, Balsamierungsstoffe	Im Altertum bekannte Elemente: 7 Metalle: Au, Ag, Cu, Sn, Pb, Hg, Fe; 2 Nichtmetalle: S, C	**Griechische Naturphilosophie** Thales 600 v. Chr. Empedokles 490—430 v. Chr.

Zosimos (Panopolis/Ägypten) 3. Jahrh. n. Chr. spricht als Erster von „Chemie" **Arabische „Renaissance"** griechisch-ägyptischer Kenntnisse; 9. Jahrh. Raimund(us) Lull(us), 13. Jahrh. Basilius Valentinus	**„Alchemisten"** Erweiterung der Stoffkenntnisse (Salze, Mineralsäuren); Verbesserung der Geräte

Iatrochemie 16. Jahrh.	Paracelsus (Theophrast von Hohenheim) 1493—1541 Ärztliche Anwendung alchemistischer Stoffkenntnisse

Boyle 1661	Volumen-/Druck-Gesetz der Gase; Anbahnung wissenschaftlicher Zielsetzung

Stahl Anfang des 18. Jahrh.	Phlogistontheorie. Aufgabe der Chemie: Auflösen in „principia sua" (Analyse) und Kombinieren „ex principiis" (Synthese)

Priestley 1733-1804 „Atmungs"-Luft aus HgO Cavendish 1766 Wasserstoff	**Scheele** 1742-1786 „Feuer"-Luft Cl_2, Mn, Ba, HCN, AsH_3 **Pneumatische Chemie**	**Lavoisier** 1743-1794 „Oxygenium", Säuren, Massenerhaltung	**Proust** 1754-1826 **J. B. Richter** 1762-1807 Gewicht, Maß und Zahl; Stöchiometrie

Davy 1807 Alkalimetalle durch Elektrolyse	**Dalton** 1808 Atomtheorie **Avogadro** 1811 Gasgesetz	**Faraday** 1833 Elektrolyse Benzol	**Berzelius** 1774—1848 Ba- und Ca-Amalgame, Se, F-Verbindungen	**Döbereiner** 1780—1849 Katalyse

Liebig 1803—1873 Agrikulturchemie	**Wöhler** 1800—1882 Al/Harnstoff	**Bunsen** 1811—1899 Physikalische Chemie, Cs, Rb	**Arrhenius** 1877 Ionenlehre

Pasteur 1822—1895 **van t'Hoff**, **Le Bel** 1874 Stereochemie	**L. Meyer**, **D.I. Mendelejeff** 1870 Periodensystem	**Ramsay** 1894 Edelgase	**Linde** 1895 Hampson, Claude Luftverflüssigung	**P. und M. Curie** 1898 Radium

Kekulé, **von Baeyer**, **E. Fischer**, führend beim Ausbau der organischen Chemie	**Gomberg** U. S. A. Freie organische Radikale	**Rutherford, Bohr, Moseley, Kossel, Heisenberg** Atomtheorie	**Chadwik I. Curie** Neutronen	**Hahn** Uranspaltung **Seaborg, Oppenheimer** u. a. Plutonium

www.ingramcontent.com/pod-product-compliance
Lightning Source LLC
Chambersburg PA
CBHW031446180326
41458CB00002B/660